Angélica González

Florifagia Mexicana

Angélica González

Florifagia Mexicana

Rescatando una cultura

PUBLICIA

Impressum / Aviso legal
Bibliografische Information der Deutschen Nationalbibliothek: Die Deutsche Nationalbibliothek verzeichnet diese Publikation in der Deutschen Nationalbibliografie; detaillierte bibliografische Daten sind im Internet über http://dnb.d-nb.de abrufbar.

Información bibliográfica de la Deutsche Nationalbibliothek: La Deutsche Nationalbibliothek clasifica esta publicación en la Deutsche Nationalbibliografie; los datos bibliográficos detallados están disponibles en internet en http://dnb.d-nb.de.

Coverbild / Imagen de portada: www.ingimage.com

Verlag / Editorial:
PUBLICIA
ist ein Imprint der / es una marca de
OmniScriptum GmbH & Co. KG
Bahnhofstraße 28, 66111 Saarbrücken, Deutschland / Alemania
Email / Correo Electrónico: info@omniscriptum.com

Herstellung: siehe letzte Seite /
Publicado en: consulte la última página
ISBN: 978-3-8416-8374-8

FLORIFAGIA MEXICANA

Rescatando una cultura

Índice:

Planteamiento del problema:

La florifagia en México se ha practicado desde la época prehispánica (2,000 a.C.-1521 d.C.); sin embargo con el paso de los años y la fusión entre las culturas europea Occidental y mexicana, se ha dejado de practicar, al punto en que casi ha desaparecido del panorama mexicano ya sea por la falta de información, la poca difusión que tiene actualmente o que esta se transmite únicamente en algunos pueblos o regiones remotas que continúan transmitiendo sus tradiciones de boca en boca con poco contacto en el exterior.

Este trabajo difundirá la importancia de la florifagia y su relevancia en la gastronomía nacional desde la época prehispánica a la actual.

Proponiendo que las flores retomen un lugar importante de la gastronomía contemporánea. El trabajo brindará conocimientos a los chefs, gastrónomos y académicos sobre las propiedades nutritivas que las flores para el organismo humano, brindando además un toque de belleza único a nuestros platillos y proporcionando una experiencia estética a los comensales.

Formulación del problema:

¿Cuáles son los usos gastronómicos de las flores mexicanas en la comida?

Hipótesis

Las flores mexicanas siguen presentes en la gastronomía rural, pero son desconocidas por una parte considerable de la cocina urbana contemporánea: proponemos que a partir de los conocimientos que brinda el estudio de las flores en la gastronomía, se pueden retomar las flores para el consumo y decoración de los platillos.

Objetivo General:

Difundir la florifagia mexicana, a chefs, cocineras y estudiantes que buscan un ingrediente natural, nutritivo y único para emplear en sus platillos; asimismo se busca con este trabajo que se rescaten recetas y tradiciones de la alimentación en la dieta mexicana.

Objetivos Particulares:

1.- Conocer cuáles son las flores comestibles que consumían las culturas prehispánicas.

2.- Dar a conocer los usos de las flores que consumían los grupos indígenas a la gastronomía mexicana actual.

3.- Informar en que sitios se consumen las flores actualmente.

4.- Dar a conocer algunas de las recetas tradicionales que se han transmitido de generación en generación.

5.- Explotar la florifagia mexicana

Justificación e importancia

Este trabajo permite conocer el origen y la importancia de la ingesta de las flores en la cultura mexicana. También dará a conocer las costumbres gastronómicas en que se encuentran presentes las flores en el México contemporáneo, y como se siguen consumiendo estas flores en muchos casos llenas de valor nutritivo y en algunos casos medicinal.

Metodología

Metodología es la parte de la lógica que estudia los métodos del conocimiento (Arce L. Eugenia, 2000 p.590).

Entenderemos a la metodología en este trabajo como el proceso de la investigación o método científico que ayuda a descubrir información segura, confiable y comprobable que se utilizara para la comprobación de nuestros objetivos.

La metodología utilizada a lo largo de este trabajo consiste en la investigación y recaudación de información acerca del tema de la florifagia en México. Proponemos en este trabajo que el conocimiento se transmitió en la esfera femenina de la casa a través de la comunicación oral e intergeneracional entre madre a hija o abuela y nieta, lo que hace a este estudio un hito importante en los estudios de la cultura de la mujer mexicana.

Para encontrar información que sustente la hipótesis, utilizaremos como herramienta de investigación a la Epistemología. Esta está conformada por dos palabras griegas:

Episteme = Ciencia y

Gnosis = Conocimiento.

La epistemología es importante para nuestra investigación porque habla de la relación del aprendizaje y el desarrollo en torno al sujeto con fundamentos psicológicos, científicos, sociales, históricos y culturales. Vigotsky (Narváez Martínez Joram, 2008), aporta con la psicología científica la importancia que existe entre la relación del aprendizaje y el desarrollo del mismo en torno al sujeto. La epistemología genética es fundada por Jean Piaget (Cusicanqui Flores Eddy, 2016) y continúa aportando después de la muerte de Vigotsky trascendiendo al desarrollo de los procesos cognitivos en fases y génesis manteniendo una estructura de equilibrio en el trayecto del aprendizaje. En este trabajo debemos entender que el conocimiento acerca de un tema no implica solo su forma científica, también involucra aspectos como circunstancias históricas, sociológicas, psicológicas y los métodos por los cuales se valida o se invalida la información. Emplearemos el

método deductivo

que considera que la conclusión se halla implícita dentro las premisas (afirmación o idea que se da como cierta). Esto quiere decir que las conclusiones son una consecuencia necesaria de las premisas: cuando las premisas resultan verdaderas y el razonamiento deductivo tiene validez, no hay forma de que la conclusión no sea verdadera (definición.de 2008-2017).

Lo que supone una deducción (también conocido como método lógico deductivo) es que la conclusión está implícita en las premisas, lo que quiere decir que si seguimos exclusivamente los que exponen las premisas llegaremos sin dudas a la conclusión de la cuestión que nos ocupe (Arce L. Eugenia, 2000 p.276). La deducción, siempre parte de una cuestión o ley general para llegar a lo particular; va de lo general a lo particular.

Pero la lista de procedimientos y herramientas incluye mapas, gráficos, esquemas o demostraciones. Estas últimas en concreto ayudan especialmente a comprender que un principio o una ley en concreto son verdaderos, y para ello se parte de todas las verdades establecidas así como de las relaciones lógicas.

En este trabajo tomamos como base este método ya que partimos de un conocimiento general buscando información precisa sobre las flores mexicanas y su consumo a lo largo de la historia analizando una serie de códices y leyendas, llegando a la búsqueda de información actual entre chefs, maestros y el público en general que tenga conocimiento en el tema.

Es importante conocer los aportes que tienen las ciencias con las que a lo largo de este trabajo nos ayudará a analizar diferentes componentes de las flores comestibles, como la Botánica, que se encarga del estudio de las plantas, la Bioquímica (encargada de estudiar las moléculas orgánicas), la Genética (estudio de la sucesión genética (herencia)), la Citología (estudio de las células), la Histología (estudio de los tejidos), la Morfología (estudio de los órganos), la Anatomía (estudio de los tejidos) y la Fisiología (que estudia el funcionamiento de los organismos).

Para dar un orden a los múltiples grupos de vegetales y clasificarlos son estudiados por la Sistemática Vegetal y la Taxonomía Vegetal.

Es posible comprobar la hipótesis de este trabajo gracias a la utilización de otras disciplinas que nos ayudarán a corroborar la información en forma verídica y específica, estas disciplinas son: arqueología, que nos muestra vestigios de hechos que han ocurrido y nos brinda una fecha más exacta sobre estos; las ciencias naturales nos ayudan mediante una serie de pruebas ya que se han determinado las propiedades que algunas de estas flores comestibles contienen; entrevistas, nos ayudan a recabar información acerca de lo que actualmente y antiguamente se consume en nuestra florifagia; códices, escritos por la mano de la cultura azteca y algunos descubridores de las costumbres, tradiciones gastronómicas y culturales que se tenían en la época prehispánica.

Conceptos generales

Es importante que el lector tenga en cuenta algunas definiciones que le ayudaran a comprender mejor el tema ya que estos brindarán una mejor noción del contenido del libro a usted como lector ya sea principiante o conocedor. Los conceptos que se presentan a continuación han sido seleccionados debido a que explican en forma más específica el objetivo de las palabras clave en este trabajo:

Gastronomía:

Es la conjunción de aspectos culinarios con aspectos culturales que constituyen a cada sociedad o comunidad. No es simplemente un conjunto de técnicas o métodos de cocción sino también la relación que los individuos establecen con el medio que los rodea, del cual obtienen sus recursos alimenticios, el modo en que los utilizan y todos aquellos fenómenos sociales o culturales que tienen que ver con la elaboración de las preparaciones culinarias (Arce L. Eugenia, 2000, p.407).

Es importante entender que para este trabajo analizaremos diversos aspectos culturales y culinarios como la definición nos lo indica no se examinara únicamente al conjunto de métodos o técnicas de cocción, se busca dar a conocer diversos movimientos o fenómenos culturales que han influido en la forma en que se ha mantenido o perdido cierto conocimiento.

Cultura:

Resultado o efecto de cultivar los conocimientos humanos: es un personaje muy introducido en el mundo de la cultura o conjunto de modos de vida y costumbres de una época o grupo social: cultura egipcia, popular (Arce L. Eugenia, 2000 p. 267).

Nosotros entenderemos que la cultura es un conjunto entre costumbres, modos de vida, ideologías tanto políticas como religiosas, tomando en cuenta desde diferentes épocas; y nos basaremos en dos etapas importantes en la historia la época prehispánica y nuestra era actual determinando los diferentes cambios en la cultura mexicana a través del tiempo.

Flor:

La palabra flor reconoce su origen etimológico en el vocablo latino "*florem*" y alude al órgano de reproducción correspondiente a las plantas conocidas como angiospermas, que aparecieron en la Tierra durante el período denominado jurásico superior, hace unos 130.000.000 de años, ya que las primeras plantas que aparecieron alrededor de 300.000.000 de años atrás, carecían de flores. Las flores, dentro de la estructura de las plantas, son aquellos órganos formados por hojas modificadas, y constituyen como ya dijimos, la parte que se especializa en la reproducción, pues en ellas se produce la fecundación, y luego se convierten en frutos donde se contienen las semillas (DeConceptos.com, 2016)

Florifagia:

La tendencia a ingerir flores; esta actividad no es producto de la nueva cocina ni de la cocina fusión; el comer flores es tan antiguo como el hombre, ya se podía apreciar en la época prehistórica donde los hombres recolectores las consumían (Buenas tareas.com, 2014, p. 1). Es nuestra tendencia o el acto de alimentarnos con flores.

Prehispánico:

Tiene que ver con [América] anterior a la conquista y colonización españolas y, en especial, [pueblo, lengua y civilización] americanos de esta época (Arce L. Eugenia, 2000, p. 730), y representa a la época anterior a la conquista de América y su colonización

MARCO TEÓRICO

Idolina Velázquez Soto nos muestra en su reseña *Flores e insectos en la dieta prehispánica y actual de México*, la importancia de las flores en la dieta. En dicho escrito se analizan los puntos que llevan al hombre a comenzar con la ingesta de la florifagia y entomofagia, explicando que hacia el año 7,000 a.C. desaparecieron los animales de mayor alzada el mamut, el caballo y el antílope. En esa etapa se consumía en la dieta un 80% de carne pero al escasear los animales grandes, se comenzó el cultivo de frijol y aparecieron en la mesa indígena las semillas de calabaza y mezquite. Para el año 2,500 a.C. la dieta evolucionó por completo e incluyó la ingesta de insectos y flores como son: las de maguey, de izote, la flor del nopal, y la de huahuzontle. Las culturas prehispánicas apenas y si consumían en su dieta lo suficiente para vivir, sus cuerpos eran esbeltos y sanos; esto se atribuye al consumo insectos y flores que ellos llevaban a cabo (García, 1988, p. 8).

También el *Códice Mendocino* (1540) nos relata cuál fue la alimentación de los niños durante la era prehispánica: a partir de los tres años de edad, media tortilla al día; a los cuatro y los cinco, una tortilla entera; de los seis a los doce, una tortilla y media. Desde los trece años, dos tortillas. Desde luego que las tortillas iban acompañadas de frijol y otros guisos, quizá de insectos, nopales, quelites, calabaza, y todo aderezado con salsa de tomate y chile. Los insectos y las flores eran complementos alimenticios de la dieta mexica, maya, azteca, entre otras.

Las culturas Mexica, Maya, Mixteca y Zapoteca basaban su modo de vida en una alimentación equilibrada y muy diversa. Tenían por costumbre combinar los alimentos como son el maíz, el frijol, y amaranto con proteínas de origen animal, de variados insectos, hueva, verdura, flores, algas y frutas. Sus alimentos eran preparados de diversas formas: asados, hervidos, al vapor, en barbacoa que es la tradicional cocción en un hoyo de la tierra. Se utilizaba la grasa de origen vegetal como la obtenida de la semilla de la chía, y animal como la del cerdo silvestre, el venado o el guajolote (Velázquez Soto Idolina, 2015, p. 1-4). Tradicionalmente se ha consumido el chile, en muchas variedades y el cual muchas veces era utilizado para un solo platillo.

Las sociedades prehispánicas ofrecen un amplio panorama del significado de las flores, las cuales fueron adaptadas por sus diversas cualidades de las diferentes especies. Antiguamente en las representaciones de las flores se encuentran en gran variedad de materiales, no se utilizaban únicamente en la decoración, formaban parte de un simbolismo basado en el respeto a sus dioses y su preocupación por el bienestar de los mismos, quienes se manifiestan en los elementos de la naturaleza (L Ana María, 2006, p. 28-35).

La Historia general de las cosas de Nueva España, o Códice Florentino, la mezcla de las culturas europea y americana tiene como consecuencia la fusión, transformación y creación de nuevas cocinas. A través de los conventos, de las órdenes mendicantes se dieron a conocer cientos de productos comestibles, como hierbas, semillas, flores, frutas, verduras. Sin embargo con la conquista española del imperio azteca (1519-1521) hubo un fuerte impacto en la gastronomía del altiplano mexicano ya que se introdujeron alimentos que eran desconocidos para los pueblos prehispánicos como lo son: vacas, cerdos, entre otras especies.

El códice es una enciclopedia sobre la cultura del México prehispánico y de los mexicas particularmente. Fue compilado por Fray Bernardino de Sahagún, misionero Franciscano que comenzó a estudiar la cultura azteca a partir de la década de 1540. Contó con la ayuda de personas mayores del altiplano central de México para su investigación y se apoyó para su investigación en los estudiantes del Colegio de Santa Cruz que fungieron como intérpretes de los entrevistados.

Los informantes conocidos como "los principales" (aquellos que tenían mayor poder, riqueza y conocimiento en la sociedad prehispánica) narraron historias sobre la cultura indígena y lo demostraron a través del uso de pinturas detalladas. Los bocetos fueron traducidos por los estudiantes en la lengua Náhuatl, y después Sahagún incluyó otra traducción al castellano. El motivo principal de Sahagún para hacer el trabajo etnográfico era religioso: él quería mostrar la cultura y maneras de las personas indígenas ya que con este conocimiento sería más fácil que los europeos convirtieran a los indígenas al catolicismo a partir de una comprensión de su cultura y religión de estos, como lo era la cultura Azteca y la Maya.

El *Libro X del Códice Florentino* se enfocaba en las personas y las comidas en el altiplano central mexicano, explicando muchos de los alimentos naturales de la tierra mexicana y las personas que vendían estos alimentos. El cacao, maíz y miel son ingredientes importantes en la dieta de los mexicanos. Los indígenas usan estos cultivos naturales para elaborar mucha comida que pueden vender. Sahagún pensaba que para poder entender mejor la cultura mexicana tenía que estudiar todos sus hábitos y ceremonias, entre los destacaban el consumo de las flores, los dioses, los sacrificios y el uso medicinal que daban a las plantas. Sin embargo no todos los conquistadores compartían su pensamiento ya que la generalidad de ellos creían que para poder conquistarlos tenían que destruir sus usos y costumbres anteriores.

Entre los estudios que hizo Sahagún del imperio Azteca (1325-1521d.C.) investigó la relación de los mexicas con los objetos que ofrendaban en el templo. Ofrecían muchas cosas en las casas que llamaban *calpulli*, que eran similares iglesias de los barrios donde se reunían todas las personas que vivían dentro de aquellas comunidades. Ofrecían comida, mantas, aves, mazorcas de maíz, chía, frijoles y flores a sus dioses. Esto ofrecían las mujeres o doncellas que estaban por casarse, pero en los oratorios de sus casas no ofrecían sino comida delante de las imágenes de los dioses que allí tenían.

Existe gran variedad de flores en la cultura mexicana que aún se consumen a partir de la dieta prehispánica y se utilizan para acompañar gran variedad de platillos y postres. La noche buena y la flor del *cempoalxóchitl* se sirven acompañando nuestras sopas y ensaladas. Al ser conquistada la cultura Tenochca y combinarse platillos e ingredientes con la nueva cultura ibérica, las mujeres indígenas--demostrando su ingenio y dedicación a la cocina--dieron origen a una nueva variedad de recetas que existen actualmente. La cocina típica mexicana conserva gran variedad de sabores, ingredientes y técnicas de la cultura prehispánica fusionando un vivo mestizaje, aunque también cabe mencionar que especies enteras de plantas y flores se han extinguido, en el territorio mexicano. Entre las muchas causas de la extinción de diversas especies tenemos los altos grados de contaminación tanto en el aire, el agua y el mismo suelo en el que estas especies hacen vida, también está el caso de la introducción de razas originarias de otros lugares que terminan por consumirlas hasta desaparecerlas, entre otras variadas causas. Sin embargo estas dos son las más comunes de las razones por las que hoy en día carecemos de estas plantas.

A pesar del dato anterior, México es un país rico en biodiversidad debido a que una de cada diez plantas de las 250,000 especies del mundo se encuentran en nuestro territorio: el 50% de estas plantas son endémicas, no existen en ningún otro sitio del mundo. México mismo nuestro país contiene tres regiones prioritarias, estas son regiones con menos de 1,500 especies endémicas de plantas vasculares con flores y que han perdido por lo menos el 70% de la extensión original de su hábitat (CONABIO, 2009, p.1-2). Esto muestra la gran diversidad que existe única en nuestro territorio y refleja también la pérdida de ecosistemas y de especies únicas por la explotación del hombre. La época prehispánica conoció una gama más amplia de vegetales, flores, especies animales y entornos ecológicos.

CAPÍTULO I.- LA GRANDEZA DE LAS FLORES

En este capítulo exploraremos cuáles son las narraciones, lecturas y tradiciones del consumo de las flores en la Mesoamérica precolombina apoyándonos por medio de leyendas y mitos que se han transmitido por medio de códices y fuentes secundarias que han explorado el tema. La pregunta que se contestará en este capítulo es ¿por qué los diversos grupos étnicos que vivieron en Mesoamérica consumieron flores como parte de su ingesta gastronómica? La sub hipótesis del capítulo es que los pueblos prehispánicos consumían flores por dos motivos: por el sabor que le daba a los platillos y por la apariencia hermosa que le daba a los platillos, haciendo de la gastronomía prehispánica una experiencia nutritiva y estética. Recabaremos información que nos ayude a entender la forma en que se consumían las flores y como a través del tiempo fue variando su uso desde lo medicinal, espiritual y ornamental así, cómo explicar por qué se fue generando su consumo.

1.1 LA LEYENDA DEL QUINTO SOL

Explicar leyendas prehispánicas tiene la finalidad de dar a conocer la relación que existía entre el consumo del alimento sagrado del maíz y el hombre quien por la ascendencia que tenía con este elemento natural trataba a la naturaleza y a sus elementos en ella como a sus iguales, dando una explicación al canibalismo practicado en la época prehispánica y la unión que se creía existía entre el canibalismo y las plantas, ya que también asignaban a ellas una jerarquización al igual que a los hombres. Las historias del dios máximo de Mesoamérica, se encuentran en todas las culturas antiguas de la región: en honor a *Quetzalcóatl* fueron erguidos algunos de los templos más grandes y sorprendentes de América.

Quetzalcóatl y su hermano *Tezcatlipoca* vencieron a un colosal monstruo *Cipactli* y a partir de los restos de su cuerpo, crearon al mundo. *Quetzalcóatl* se reunió con sus hermanos en la tarea de la creación de la tierra y de poblarlo; para lograrlo *Quetzalcóatl* creó un enorme cuchillo de pedernal que salió del cielo y se estrelló contra la tierra creando así a mil seiscientos dioses. *Tonacatecuhtli* el padre de los dioses le informó a *Quetzalcóatl* que debía crear a los hombres que los adorasen. Para lograr esta tarea le entregó a su hijo "los huesos preciosos" (los huesos de sus padres y sus madres).

Se reunieron los dioses en Teotihuacán para brindarles la luz del sol y a los hombres, pero moldearon mal los primeros hombres ya que estos eran muy pequeños y se escaparon entre sus manos divinas por lo que los dejaron caer en el agua convirtiéndolos en peces. *Quetzalcóatl* no se dio por vencido e hizo un nuevo intento. Moldearon a los siguientes hombres de barro y les dieron la vida creando hombres gigantes muy torpes y que tropezaban entre ellos y al caer los gigantes se crearon las montañas, los valles, los cerros y todo lo que hay en ellos. Los dioses no se dieron por vencidos e hicieron un nuevo intento. Esta vez crearon al hombre del maíz pero era demasiado perfecto y se negó a dar culto a los dioses así que los transforman en monos. El hombre vuelve a ser creado de maíz pero esta vez le fabricaron un corazón, pero el órgano es demasiado bueno y totalmente improductivo por lo que los transforman en guajalotes. Después de estos cuatro intentos fallidos deciden deshacerse de los huesos preciosos para no caer en la tentación de volver a crear a la creación y para esto los entregan al señor del *Mictlán*.

Quetzalcóatl decidió volver a intentarlo y crearlos el mismo para lo que baja al "*Mictlán*" la región de los muertos, después se dirigió a *Mictlantecuhtli* y le pidió los huesos que estaban bajo su custodia, *Mictlantecuhtli* no quería entregárselos por lo que le pidió superara una prueba. *Quetzalcóatl* tenía por prueba hacer sonar el caracol que le ofrecía *Mictlantecuhtli* y darle cuatro vueltas alrededor del círculo interior, pero este caracol no tenía agujero alguno por donde *Quetzalcóatl* pudiera entrar a darle vueltas, entonces llamó a los gusanos para que hicieran los huecos y a las abejas para que entraran e hicieran sonar el caracol. Cuando escucho *Mictlantecuhtli* el sonido del caracol no le quedó más remedio que entregarle los huesos.

Después de entregar los huesos *Mictlantecuhtli* se arrepintió puesto que estos huesos pertenecían a las generaciones pasadas de los hombres y su lugar era pertenecer allí, en *Mitán*. *Quetzalcóatl* al encaminarse hacia donde estaban los huesos envió a su doble y les hizo creer que volvía para regresarlos a la vida. *Mictlantecuhtli* tenía separados los huesos de la mujer y los huesos del hombre; *Quetzalcóatl* sólo tenía que amarrarlos y llevárselos. Ya ascendía *Quetzalcóatl* del *Mitán* y *Mictlantecuhtli* creyó que aún tenía tiempo para recuperar los objetos preciosos y ordenó a sus servidores cavar un hoyo profundo dentro del *Mitán*, con mucha prisa se adelantaron a *Quetzalcóatl*, quien cayó muerto en sus profundidades, al caer soltó los huesos, y rápidamente estos se esparcieron por la superficie pero *Quetzalcóatl* resucitó iniciando así la etapa del quinto sol y reunió nuevamente los huesos, fuera le esperaba la doncella *Quilaztli*, quien molió los huesos y los colocó en una vasija de belleza singular, mientras *Quetzalcóatl* descansaba de su misión. Fue entonces que se reunieron los dioses y *Quetzalcóatl* vertió su sangre sobre el polvo de los huesos. Todos hicieron penitencia y auto sacrificio, hasta que por fin, decretaron el nacimiento de los humanos. Al revolverse los huesos se da pie a la gran variedad de nuestra forma como somos los humanos, altos, chaparros, delgados, gordos, fuertes, débiles.

Quetzalcóatl crea así al hombre del maíz, al hombre. Para poder asegurar la subsistencia de su gente *Quetzalcóatl* tiene que recuperar el maíz con el que alimentara a sus hombres, sin embargo el alimento sagrado se encuentra guardado dentro del inframundo. Estos hombres no podrían ser completos si no consumían el maíz, para llevar a cabo esta tarea *Quetzalcóatl* se transformó en una hormiga roja, para así poder seguir a la hormiga negra que tenía bajo su custodia el alimento sagrado. *Quetzalcóatl* engañó a la hormiga para lograr su objetivo y sacar el alimento de las cuevas del *Tonacalt.*[1]

Cuenta la leyenda que cuando la creación del mundo había terminado, los dioses y humanos vivían en armonía, todos eran felices, a excepción del dios *Quetzalcóatl* que veía con enojo como los humanos eran subyugados por los demás dioses. Por lo que decidió adoptar la condición humana para compartirles el conocimiento y el arte que poseían las deidades. Al llegar al mundo de los humanos vagó por muchas tierras hasta llegar a *Tollan*, lugar que se dice, actualmente está en México dentro del estado de Hidalgo. A su arribo se estaba ofreciendo un sacrificio humano en honor de su hermano *Tezcatlipoca*, y enfurecido por esta barbaridad, detuvo la ejecución. El sacerdote que realizaba el sacrificio, gritó furioso, mientras el cielo se tornaba gris con nubes que anunciaban una gran tormenta, rayos y truenos. Quetzalcóatl los calmó y les dijo que mientras él estuviera en *Tollan* la ciudad florecería como ninguna. Rechazó cualquier

[1] (History 2012)

clase de lujo y los invitó a vivir con humildad y a aprender con la pureza del alma.

A partir de ese momento, *Tollan* creció y prosperó. El dios en forma de humano les enseñó a cultivar las semillas del maíz, a trabajar el jade, oro y la obsidiana, a teñir el algodón, el arte de la astronomía, enriqueció su escritura, fomentó el culto a los dioses y prohibió los sacrificios humanos; en lugar de eso les enseñó el auto sacrificio punzándose el cuerpo con espinas de maguey y a dar en ofrenda flores y pan en lugar de humanos. Creó una orden de doncellas que se dedicarían a la limpieza y mantenimiento de los templos (Orozco Chela, 2013, p.1). A partir de estas disposiciones, la ciudad se convirtió en una ciudad grande, bella y sagrada.

Su hermano mayor *Tezcatlipoca,* celoso del éxito de *Quetzalcóatl* le tendió una trampa para terminar con él. Se transformó con la ayuda de algunos dioses en un anciano y llegó al palacio a ofrecer a su hermano ya anciano una medicina bebida para que este se sintiera bien. *Quetzalcóatl* probó el líquido y quedo fascinado con el sabor del líquido y comenzó a beber una y otra vez hasta tomar cuatro medidas del líquido. La bebida era el pulque, que no tardó en hacer efecto provocando que este recorriera su reino cometiendo actos que el mismo había prohibido. En estado de ebriedad recorriera sus tierras destruyendo los puestos que encontró a su paso. El dios *Quetzalcóatl* sintió apetitos sexuales y le llevaron a una mujer dedicada al culto sagrado, su hermana *Quetzalpetlatl* y *Quetzalcóatl* borracho sostuvo relaciones sexuales incestuosas con su hermana, contradiciendo el estilo de vida casta, virtuosa y de ayunos que había designado a su hermana. Quebrantó todas las normas que el mismo puso al dejarse perturbar por las mujeres, por el licor y por las riquezas. Cuando finalmente se enfrentó a su pueblo anunció que ya no era digno de ocupar el lugar que le pertenece entre ellos, Quetzalcóatl se marchó lleno de vergüenza y en desgracia, prometiendo a su pueblo volver para reclamar sus posesiones (History, 2012).

Esta sección nos ayudó a entender la relación que existía entre los hombres y sus deidades, mientras que también nos refleja la importancia el maíz en la creencia de la creación y su sustento.

1.2 XOCHIPILLI (EL PRINCIPAL QUE DA FLORES)

Un dios dedicado exclusivamente a las "flores", *Xochi*-es la raíz de *xóchitl*, que en náhuatl es" flor"; *pilli* significa a veces "príncipe" y en otras " niño". La máscara que portaba Xochipilli describía a un dios que vivía en éxtasis y que tenía la capacidad de ver con los ojos del alma, este dios se encontraba admirado por *temiexoeh*, las "flores del sueño." (Gordon Wasson R, 1982, p.10-12). Los aztecas le consideraban varias deidades en una sola. Lo llamaban y veneraban como el dios del arrobamiento,[2] el dios de las "Flores", así como el dios de la juventud, de la luz, de la danza y la música y los juegos, de la poesía y del arte. Es también el dios Infante, el dios del sol naciente, del estío, de lo cálido, de las flores y las mariposas, del "Árbol Florido" *(Xoehieuáhuitl)*. Los poetas nahuas lo invocaban a menudo, a partir del consumo de los hongos sagrados (las flores que embriagan) y; las plantas milagrosas capaces de llevarnos al paraíso celestial.

Xochipilli también es el dios que representaba al sol cuando amanece, el que esparce las flores y los árboles y se le relacionaba con un ave llamada "*Quetzalcoxcoxtli*" o cojolita. Este pájaro canta por la mañana

[2] Arrobamiento: éxtasis.

cuando sale de su madriguera y en época de lluvias. Por ello se le relaciona con el amanecer y la fertilidad de la tierra ambos dominios del dios Xochipilli (Galicia Ana, 2015, INAH). La celebración que se dedicaba en adoración a este dios se llama *xochihuitl* "la fiesta de las flores" y para la fiesta del dios se preparaban hombres y mujeres guardando ayuno. El dios castigaba con enfermedades en las partes íntimas a aquellas personas que ofendían a la deidad. Entre las preparaciones para esta celebración algunas personas ayunaban sin dejar de comer el *chilli* comían solo una vez al medio día, también consumían panes ázimos como el pan que se hacía de maíz se cocían en el comal y no consumían ni *chilli* ni nada más que una vez al medio día (Glockner Julio, 1997, p. 69-71). El quinto día era dedicado a la celebración de este dios *Xochihuitl*, para ello las personas utilizaban los atuendos de este dios como si fueran su imagen o persona. En el medio día de la celebración se descabezaban codornices y se derramaba su sangre delante de él. Otros más se desangraban las orejas delante de su imagen, algunos traspasaban su lengua con la punta de un maguey, también se llevaban a cabo otras ofrendas en su templo con cantares, *teponaztli* y tambor.

Todo el pueblo participaba en una ofrenda donde se hacían cinco tamales, panes redondos hechos de maíz, los cuales se conocían como pan de ayuno estos eran panes grandes. Quienes ofrecían en forma particular u ofrenda hacían en un plato de madera cinco tamales pequeños. Entre las ofrendas que se daban a este dios podemos encontrar: maíz tostado, maíz tostado revuelto con miel y con harina de semilla de bledos, pan hecho a manera de rayo cuando cae del cielo, pan hechos en forma de mariposa, pan ázimo, panes hechos de semillas de bledos, panes hechos a manera de rodela o muñecas hechas de la misma masa (Glockner Julio, 1997, p. 69-

71). Durante esta celebración los principales y el *calpixque* de la comarca de México, todos aquellos sitios que colindaban con los pueblos de guerra entregaban a los cautivos o comprados para entregarlos al *calpixque*, para que este estuviera a cargo de ellos hasta que se diera el tiempo en que fuera necesario ser sacrificados para los dioses; si alguno de estos escapaba de su custodia este estaba obligado a comprar otro y cubrir el lugar que se había dejado.

Tal era la importancia que tenían las flores en la época prehispánica que se creó una deidad especial a ellas, el dios Xochipilli quien va acompañado por "la fiesta de las flores". Con el paso del tiempo las flores se han hecho presentes en festividades ordinarias ya sea en los platillos que se preparan por ejemplo: la crema de flor de calabaza, la dalia capeada, el cabuche en dulce, los moles acompañados con flores y verduras; o simplemente como adornos y ornamentos. Esta deidad da a entender un concepto sociocultural muy importante para su época, ya que relata los preparativos para venerar al dios de las flores, la forma en que se presenta la florifagia en esta deidad y los ideales como el respeto que se tenía hacia las flores, la importancia de algunas y su papel en la buena alimentación.

1.3 XOCHIQUÉTZAL "FLOR DE QUETZAL, FLOR PRECIOSA"

La joven diosa de la belleza, el amor, el placer amoroso, las artes; estaba relacionada con el juego, el canto, la danza, la alegría, las flores y los placeres de la juventud, *Xochiquétzal* era patrona de los pintores, bordadoras, tejedoras, escultores y plateros. Era una de las dos diosas relacionada con la fertilidad de la naturaleza y la belleza. En el *Tonalamatl* ("papel de los días" o "cuenta de fiestas o de días rituales") rige el día uno *xóchitl* por lo que las mujeres que nacían en él tenían posibilidad de ser buenas artesanas bordadoras o, en el otro extremo, prostitutas. "*Quetzalcóatl* estando lavándose tocando con su mano el miembro viril, echó de sí la simiente y la arrojó encima de una piedra, y allí nació el murciélago, al cual enviaron los dioses a que mordiese a una diosa que ellos llaman *Xochiquetzal* -que quiere decir rosa-, que le cortase de un bocado lo que tiene dentro del miembro femenino; y estando ella durmiendo, lo cortó y lo trajo delante de los dioses y lo lavaron, y del agua que de ello derramaron salieron rosas que no olían bien, y después el mismo murciélago llevó aquella rosa al *Mictlantecuhtli* y allí lo lavó otra vez, y del agua que de ello salió, salieron rosas olorosas, que ellos llaman suchiles (sic), por derivación de esta diosa que ellos llaman *Xochiquetzal*" (Puri, 2012).

Las leyendas de la creación relatan que fue mujer de *Piltzintecuthli*, hijo de la primera pareja de hombres: *Cipactónal* y *Oxomoco*. Con *Piltzintecuhtli* tuvo un hijo, *Cintéotl*, dios del maíz; otras leyendas cuentan que también engendraron a *Nanahuatzin*, quien se sacrificaría para convertirse en el Quinto Sol, y a *Xochipilli*, dios de las flores y también conocido como dios del amor (Puri, 2012).

El sitio en donde ella vivió primero se llamaba *Tamoanchan*, "cerro de la serpiente", situado en el primer cielo "*Tlalocan*", era una región llena de deleites y pasatiempos agradables en ella se encontraban fuentes, ríos, florestas y lugares de recreación. *Xochiquétzal* era atendida por otras diosas siempre estaba acompañada y guardada por mucha gente, ningún hombre la podía ver. Después ella se encontró en el noveno cielo, la región del viento de obsidiana *itzeechecayan* y se convierte en una diosa dual (tanto solar como lunar) (Puri, 2012). *Xochiquetzal* es representada con características guerreras, se le muestra con un atavío *izquixochitl* "guirnalda hecha con flores de maíz tostado", un *chimalli* o escudo, una bandera, flechas y una banda multicolor de guerra anudada a la cintura. Se cree que *Xochiquetzal* fue la primer mujer muerta en la guerra sin embargo al ser la Diosa Madre también se le considera como la primer mujer sacrificada; ya que la guerra fue instaurada por los dioses para que el sol tuviese, por medio de los sacrificios, su alimento: la sangre y los corazones.

1.4 QUETZALCÓATL DE HOMBRES A FLORES

1.4.1 El Maguey: *Metl*

Esta planta era valiosa para la cultura azteca gracias a los muchos usos que les podían dar a las hojas y a las espinas de la planta, no sólo por el pulque (*octli*) que era extraído de él, fue deificado con el nombre de *Mayáhuel*, la diosa que tenía cuatrocientos pechos para alimentar a sus cuatrocientos hijos. El maguey desempeñaba un papel importante en los rituales de sacrificios como lo hizo *Quetzalcóatl*, en la representación del *Códice Borbónico* nos relata que "El cuerpo y el rostro del dios están pintados de negro porque es el sacerdote por excelencia, y el inventor del auto sacrificio que consiste en sacarse sangre de las orejas y de otras partes del cuerpo, punzándolas con las espinas de maguey y con punzones de hueso de águila y de jaguar (Código Borbónico)."

Luego de que se destruyera la mitad de la humanidad se había perdido el sol en la catástrofe, y no había quien iluminara el mundo. Entonces se resolvió sacrificar a los dioses. Dos dioses se ofrecieron: uno pobre (*Nanáhuatl*) y uno rico, "el pobre no podía ofrecer más que bolas de heno y las espinas de maguey teñidas con la sangre de su sacrificio, pero el Sol no se movía… exigía el sacrificio de los otros dioses; es decir, las estrellas…muriendo al final *Xólotl.* Pero como *Xólotl*, además de ser el dios de los gemelos y por esta misma razón el dios de los monstruos, era un extraordinario hechicero, su muerte no fue tan sencilla, pues se transformó primero en maguey doble que se llama *mexólotl*." (Universidad Arizona, 2016, p. 5). El sacrificio usando las espinas de maguey se hizo común entre los aztecas. "Se hacía de este modo la ofrenda de espinas: tomaban ramas de abeto y cortaban puntas de maguey y después las ensangrentaban…Por todas partes, bien sea en dos o tres sitios dejaban las espinas como ofrendas, o aún por cinco lugares según les dictaba su corazón." (Universidad Arizona, 2016, p. 5). Este es el punto en donde *Quetzalcóatl* comienza a cambiar la costumbre de celebrar los sacrificios hacia los dioses con los humanos, y comienza a mostrar la forma en que podían celebrar los sacrificios a través de las plantas y de las flores.

1.5 MALINALXÓCHITL "Flor de hierba seca"

Representada tradicionalmente en lo glifos por una media calavera con hierba y asociada a la luna, la ebriedad y la diosa telúrica *Cihuacóatl Quilaztli* de quien es indudablemente un aspecto de la hechicera. *Malinalxóchitl* era reconocida como las diosas tierra-madre, *Cihuacóatl* (Mujer-serpiente), *Itzpapálotl* (Mariposa de obsidiana), o *Teteo innan* (Madre de dioses) y es ella la representante de los chalmecas, considerados ellos como los más antiguos habitantes del Valle de México.

Por órdenes del dios *Huitzilopochtli* cuando los aztecas abandonan su mítica *Aztlán* inician su viaje en busca de su tierra prometida. Tras varios años de ir de un sitio a otro y llevar las insignias y restos de sus ancestros, los aztecas piden auxilio a su deidad *Huitzilopochtli* ya que entre ellos se encuentra una hechicera llamada *Malinalxóchitl* la hermana del dios *Huitzilopochtli*, esta hechicera tiene un grupo importante de seguidores y la veneraban gracias a sus prácticas en las artes nigrománticas, maleficios, conjuros, engaños y sacrificios humanos; por lo que los aztecas tenían un gran pesar con esta diosa y piden auxilio a su dios quien les respondió en sueños: que aprovechen la noche y el sueño de su hermana para abandonarla junto con sus seguidores. Cuando la diosa despierta y se ve abandonada junto con su gente en medio del camino jura venganza de aquellos que la dejaron, continúan su camino y se asientan cerca de un ojo de agua el manantial *Zancopinca* (Malinalco). Malinalco se convirtió en una ciudad muy poderosa y cuyos habitantes fueron considerados y temidos como grandes hechiceros y magos (Graulich Michel, 1992, p. 87-98).

Si la hermana de *Huitzilopochtli* quería triunfar, los mexicas debían asentarse en el mismo sitio y vegetarían lamentablemente adorándola a ella, la representante de la feminidad pasiva, de la tierra y de las tinieblas, de las artes mágicas insidiosas. Sin embargo su hermano tenia decretos opuestos a los de ella "cuando un pueblo viene a quejarse, él contesta sin ambigüedad: deben abandonarla sobre el terreno y marchar, porque la tarea del dios es la guerra, la conquista del universo, el ganar toda clase de riquezas; sus instrumentos son su corazón y su brazo, y no las brujerías; que él dará de comer serán el cacao y las preciadas espigas de maíz (Tezozómoc, Fernando Alvarado, 1949, p.29-30).

Esta historia nos relata la relevancia que tienen las hierbas dentro de la cultura prehispánica, ya que le conferían a ciertas plantas y flores propiedades medicinales, curativas y algunos poderes místicos a los que les entregaban algunos poderes sobre naturales. El poder sobrenatural que entregaban los curanderos al uso de hierbas y flores se debía a sus propiedades y usos medicinales, que resultaba para muchos pobladores desconocido.

1.6 LA LEYENDA DE LAS FLORES

Una leyenda prehispánica afirma que, cuando los dioses acabaron de hacer todas las flores, pensaron que tenían que abrir sus corolas frescas por todos los valles y los montes y también a las orillas de las lagunas, sin olvidar las riberas de los ríos o entre los matorrales, también en los ribazos de las carreteras y los caminos o en las milpas. Las flores oyeron las voces de los dioses. Es así como obedecieron y abrieron sus corolas tan hermosas y recién hechas.

Al estrenar la existencia, las flores se sentían confundidas cuando alguien usaba el nombre de FLOR. Dicen que todas volvían la cabeza a la vez. Y lo hacían porque no tenían nombres propios. Los dioses ya habían nombrado a los animales, uno se llamaba oso, otro jabalí, otro calandria, cenzontle, tórtola, cisne...Todos tenían su nombre. Pero las flores no se entendían entre sí porque no tenían nombre propio. No sabían todavía cómo atender a los que admiraban sus encantos.

Así fue como los dioses decidieron reunir a las flores en el "Salón de los Nombres y de los Perfumes." Ordenaron a la chachalaca hablantina y al reluciente colibrí que avisaran a las flores, todas, para que asistieran a esta importante reunión. La chachalaca, no dudó en repetir el mensaje y sus gritos se oyeron desde muy lejos. El colibrí susurró la noticia de flor en flor. Durante todo el día y a la hora prevista, las flores desfilaron por el Salón de los Nombres, de los Perfumes y los dioses, que eran muy sabios como buenos, fueron poniendo nombres y creando perfumes en cada una de ellas y así quedó grabado para siempre.

Y los dioses decían: "Tú te llamarás Azucena, tú Jazmín, tú Gardenia, tú *Cuetlaxóchitl*, tú Alelí y así todas las flores que conocemos en todas partes del mundo: Azalea, Lirio, Violeta, Alcatraz..." son miles de nombres. No podemos conocer todos, pero cada flor tiene su nombre. Y qué decir de los perfumes tan diferentes unos de otros en cada flor, para deleitarnos a todos y también los néctares donde acuden los insectos como las abejas, los dioses pusieron en cada flor una gota de miel para que la abeja las besara. Y también las mariposas que revolotean sobre los colores. Pero sólo una flor no se presentó en el "Salón de los Nombres y de los Perfumes." esa flor jugaba con los niños. La luz del sol la veía bailar y cantar y ella prefirió quedarse con ellos y no asistir a la reunión. Es una flor muy alegre. Los dioses, que lo saben todo, lo notaron y ordenaron a los hombres y a las mujeres que no la llevaran a los altares ni de vivos ni de muertos, porque a esa flor le faltaba el nombre y el perfume, por lo que no tenía la miel en los labios y sobre todo, le faltaba a esa flor, la bendición de los dioses. Los niños, dicen que se pusieron de acuerdo en proteger a su flor y fueron ellos los que decidieron ponerle un nombre a la flor sin nombre. ¿Y saben cómo la llamaron? Pues… *Guie'tiiki* o la flor que camina de puntitas. Todas las primaveras, cuando nacen las flores ya cada una con su nombre y perfume propios, cuando los valles se llenan de colores y los jardines de exuberancia, entonces los niños la esperan y la llaman por su nombre postizo *Guie'tiiki*. La toman entre sus manos y juegan con ella y bailan y cantan, y desde entonces es así todas las primaveras. Y es que los niños son los dioses de *Guie'tiiki*. Ella es luz y sabe jugar, aunque no tenga perfume (Sopetran Julie, 2011). ¿Tú quieres jugar con ella?

Esta leyenda nos plantea una filosofía muy importante, las flores son tan especiales que los dioses se reunieron para nombrar a cada una por su respectivo nombre, ¿Por qué? Es fundamental aprender a reconocer y diferenciarlas ya que algunas son muy similares entre sus compañeras, dando como resultado que solo se les reconozca por una pequeña diferencia en su apariencia o por su mismo nombre científico o popular. Dentro de la florifagia existen muchas flores parecidas entre sí, es por ello que se debe desarrollar el conocimiento necesario para distinguirlas.

1.7 USO MEDICINAL

En Mesoamérica se poseían amplios conocimientos sobre ciertas ramas de la medicina y de la farmacología, pues se utilizaban plantas y partes de animales en el tratamiento de algunas enfermedades. Durante la conquista de los españoles los mexicanos encontraron espectaculares jardines botánicos como el de *Tezcutzinco*, cerca de Texcoco, fundado por *Netzahualcóyotl*, el de *Huaxtepec*; en Morelos, que se distinguió por el cultivo de plantas de ornato y medicinales, el de Iztapalapa, cerca de *Tenochtitlán*, contaba con plantas acuáticas y el de Chapultepec, construido por los mexicas con la intención de cultivar y adaptar a ese nuevo habitad plantas de otras regiones del país. Sophie D. Coe afirma que hay historiadores que creen que fueron precisamente los jardines botánicos del Valle de México los que inspiraron la creación de jardines de este tipo en Europa con la finalidad pedagógica de catalogar las nuevas plantas que estaban llegando a Europa (Sophie D. Coe, 2005, 777).

1.7.1 Plantas medicinales

A continuación vamos a presentar algunas de las plantas medicinales que se tenían en la época prehispánica descritos en la *Historia General de las cosas de la Nueva España*. Es importante el conocer el uso que daban a las plantas, ya que no solamente utilizaban sus raíces, hojas o flores, en muchos casos utilizaban las propiedades que tenían las distintas partes de las plantas junto con la utilización de otras plantas para hacer más efectivo el remedio a los malestares:

1.7.1.1 *Acaxilótic*, una mata con muchas hojas, de ramas delgadas, de hojas largas y anchuelas, la raíz de esta es blanca y ancha; desecha en agua se daba de beber a las personas con fiebre y también provocaba la expulsión de flemas.

1.7.1.2 *Acocoxíhuitl* una mata de hojas redondas y largas, se utilizaba para bajar la temperatura bebiéndola en agua templada.

1.7.1.3 *Cacacilli* con hojas anchas y delgadillas, tiene unas florecillas blancas y la raíz de esta hierba es muy dulce. Es buena para sanar apostemas y sacar espinas o astillas.

1.7.1.4 *Chapulxíhuitl* no tiene ramas ni hojas y nacen en el mismo tronco, tiene un palo color verde, este palo se molía junto con las hojas para extraer del cuerpo alguna astilla o espina que se tuviera para extraerla, también sana llagas y cortaduras.

1.7.1.5 *Chichiéntic* una mata que tiene unas hojas y ramas algo coloradillas, su raíz es similar a un rábano delgado y es amarilla. Se daba de beber para purgar a las personas.

1.7.1.6 *Chichilquíltic*, tiene una raíz en forma de cepa, las ramas son largas, las hojas son redondillas y coloradillas. La raíz es de sabor dulce, por fuera es negra y por dentro es blanca; molida con algunos granos de maíz se daba a las personas con fiebre, también purificaba y provocaba la orina.

1.7.1.7 *Chilpanton* tiene hojas largas y anchas, con flores coloradas, las raíces de esta hierba son negras por fuera y blancas por dentro. Tostadas en un comal y molidas ayudaban a las personas con sangrado nasal; a las personas con tos se la daban a beber para que arrojara flemas y limpiaran su pecho.

1.7.1.8 *Coanenepilli* se tomaba la raíz cuatro veces al día para purgar.

1.7.1.9 *Cococpatli* está conformada por una vara y tres o cuatro ramillas en ella, tiene un tono verdoso amarillo tanto en las hojas como en las varas; se utilizaba para sanar a las personas que estaban estreñidas; se quemaba casi como chile y se consumía templada.

1.7.1.10 *Cococxíhuitl* se utilizaba para bajar la fiebre y para purificar la garganta y el pecho.

1.7.1.11 *Cocoyáctic* la utilizaban los médicos encontrándola debajo de la tierra como las cabezas de los ajos. Cuando se comenzaba a curar a algún enfermo se molía la hierba junto con su raíz y su semilla, colocando un poco en la nariz del enfermo para curarle.

1.7.1.12 *Cocotzauhqui Xíhuitl* las ramas y las hojas de esta hierba son angostas y delgadas, la raíz de la hierba es algo rasposa y dulce, se utilizaba para purgar y como expectorante.

1.7.1.13 *Eloquíltic* tiene ramas altas y delgadas, las hojas se muelen y se hierven para ayudar a la digestión y provocar la orina.

1.7.1.14 *Hueipatli* son raíces redondas, tiene hojas redondas y puntiagudas, las raíces son molidas y bebidas por las personas que tenían una mala digestión para sanar.

1.7.1.15 *Huiuitzquíltic*, son pequeñas las hojas como un palmo, tallece y sus flores son amarillas. Se cocía con agua y se daba dos veces en ayunas al enfermo para regular su temperatura corporal.

1.7.1.16 *Huitzocuitlapilxihuitl*, es un arbusto, su rama es colorada, produce unas flores amarillas, la raíz es negra por fuera y amarilla por dentro; además de ser rasposa al gusto. Molida y mezclada con agua tibia eliminaba la sangre cuajada en los miembros genitales de los hombres o mujeres.

1.7.1.17 *Ichcayo*, de hojas largas, las cuales se utilizaban en las personas con llagas colocándola molienda encima.

1.7.1.18 *Ilacatziuhqui* hierba de exterior negro e interior blanco, tiene hojas pequeñas y redondas; la raíz molida se tomaba cuatro veces al día para purgar.

1.7.1.19 *Íxnexton* tiene hojas verdes, redondillas y puntiagudas; la raíz es algo amarga. Se daba a beber a las mujeres que recién habían dado a luz junto con algunos granos de maíz.

1.7.1.20 *Iztacquáuitl* era utilizada la raíz de esta hierba ya que purificaba la orina, sanaba los miembros genitales y se colocaba en las heridas para sanarlas.

1.7.1.21 *Iztacpalancapatli* la raíz de esta hierba de muele y se coloca sobre llagas podridas para que sanen.

1.7.1.22 *Iztapactli*, las raíces eran molidas y se colocaba untada sobre de podredumbres o apostemas intercutáneos para eliminarlos.

1.7.1.23 *Iztacquílic* de ramas coloradas y hojas verdes, tiene una raíz larga y es utilizada en las personas con sarna. Molida y bebida en poco tiempo hace desaparecer la sarna del cuerpo.

1.7.1.24 *Iztaquíltic*, es una mata, con ramas largas, es muy verde y lisa. La rama era utilizada para las personas que estaban estreñidas de la orina, la bebían molida y mezclada con agua.

1.7.1.25 *Iztáuhyatl*, molida y bebida con agua esta hierba ayudaba a bajar la fiebre, también ayudaba a expulsar flemas, purificaba la orina y también ayudaba a las personas con dolor de cabeza.

1.7.1.26 *Izeleua* arbusto de hojas redondillas y verdes con unas flores moradas; la raíz de esta hierba es grande y negra, hecha astillas se cocía junto con la pepita de calabaza y granos de maíz se colaba y después se cocía para darla de beber dos o tres veces al día a las mujeres. 1.7.1.27 *Mamaxtli*, esta hierba se consumía cruda o cocida; la raíz era medicinal para las heridas de los pies.

1.7.1.28 *Memeya*, tiene una sola rama, las hojas son largas, anchas y puntiagudas; da una flor blanca.se molía la raíz y se daba de beber con algunos granos de maíz, se mezclaba con agua tibia. Se daba las personas que estaban enfermas del estómago.

1.7.1.29 *Ocopiaztli* o *Tlilpotonqui*, sus hojas salen de la tierra, son largas, produce unas flores verdes y acopadas. Se molían las hojas con la raíz para bajar hinchazones. Entre muchas otras hiervas que se han utilizado y aún se utilizan como remedio natural para prevenir o combatir numerosos malestares.

1.7.1.30 *Ololiuhqui* o *Xixicamátic*, molida o majada esta hierba se utilizaba para provocar flemas, detener la hinchazón del estómago, ayudaba a bajar la fiebre y cuando se tomaba en ayunas purgaba.

1.7.1.31 *Pipitzáuac* la raíz de esta hierba era molida y se le daba a beber al que tenía fiebre, con ella también se purgaba y se provocaba el vómito.

1.7.1.32 *Pozaulizpatli* de hojas anchas, verdes, arpadillas y puntiagudas; tiene una raíz como el rábano por fuera es amarillas y por dentro blanca. Se molían la raíz y las hojas y se daba a las personas que tenían alguna hinchazón o llaga y se colocaba untada en los sitios afectados para disminuir los malestares.

1.7.1.33 *Quapopultzin*, de ramas largas y delgadas, produce flores amarillas, tiene unas raíces espesas, amargas y delgadas. Esta hierba era dada las personas con fiebre cocida con agua y se daba de beber al momento de comer.

1.7.1.34 *Quauheloquíltic* o *Quauheloxóchitl*, es una mata, de hojas anchas, puntiagudas, largas y gruesas; la flor de esta hierba es azul claro. La raíz es medicinal, rasposa en la garganta; molida y bebida con agua se daba a las personas con fiebre. También se bebía para limpiar el cuerpo y la orina de impurezas.

1.7.1.35 *Quauhtlacalhuaztli*, un arbusto con las hojas verdes y anchuelas, produce flores leonadas y las raíces eran utilizadas hechas astillas y dejándolas al agua por un largo tiempo para que el agua tomara las propiedades de la raíz, se daba a las personas que sufrían de sarna de la tierra. También molida con el agua se utilizaba para purificar la orina y ayudaba a las personas con una mala digestión.

1.7.1.36 *Quauhyayáual*, tiene ramas largas y verdes en las extremidades, la hierba se molía seca y se colocaba en incienso y era utilizada en el sahumerio.

1.7.1.37 *Tacanalxíhuitl* de ramas verdes y vellosas, con hojas largas y angostas, la raíz de esta hierba es blanca y redonda. De sabor dulce como la jícama; se molía con un poco de maíz y se daba a beber a las personas con fiebre, esta hierba se consumía hervida.

1.7.1.38 *Tepeamalácotl* de hojas comestibles y raíz similar al *tocímatl*, entre dulce y amarga. Molida y revuelta con la resina de *ocótzotl*, sana los apostemas cuando se unta sobre de estos.

1.7.1.39 *Teómetl* lo más verde en estos magueyes es medicinal, la cuecen por la parte de abajo y después exprimen su zumo y se revuelve con esto hasta diez pepitas de calabaza molidas junto con el zumo de *miltomált*, dando a beber esto a los enfermos para que se curaran.

1.7.1.40 *Tetzmític*, tiene las hojas muy verdes y redondillas; también mana leche y tiene las ramas coloradas. Esta leche colocada en los ojos quita la temperatura.

1.7.1.41 *Tlacoxíhuitl* es una mata con sus ramas verdes, hojas verdes. Las raíces de esta hierba se dejaban remojar para después molerlas y beberla. Se cuece con agua un poco de esta raíz se utilizaba contra las postemas e hinchazones.

1.7.1.42 *Tlacoxóchitl*, es delgada, produce unas flores blancas y pequeñas casi de color morado; la raíz de esta hierba es negra. Esta raíz molida con las ramas de la hierba era utilizada para ayudar a detener las hemorragias nasales.

1.7.1.43 *Tlalámatl*, con hojas verdes, produce unas flores amarillas, la raíz es blanca por fuera. Se molía y era colocada sobre quemaduras para hacerlas sanar y también era utilizada para sanar podredumbres.

1.7.1.44 *Tlalchipilli* la raíz de esta hierba es verde obscura por encima, dentro es cárdena y es amarga. Molida y mezclada con resina *ocótzotl* untada sobre los apostemas los sana.

1.7.1.45 *Tlalmízquitl* la raíz de esta hierba es amarilla, larga, sabrosa; se utilizaba para reducir la temperatura corporal moliendo y bebiéndola.

1.7.1.46 *Tlályetl*, de hojas muy verdes, anchas y arpadas; es rasposa al gusto, da una flor amarilla, tiene unas raíces delgadas y alargadas. Las hojas y raíces de esta hierba se molían para curar a las personas que sufrían de almorranas colocando la mezcla encima.

1.7.1.47 *Tonalxíhuitl*, molidas las hojas y las ramas de esta hierba era utilizada sobre la sarna colocándola sobre ella.

1.7.1.48 *Totoncaxíhuitl* tiene hojas redondas y muy verdes, con las hojas y la raíz se sanaba las apostemas.

1.7.1.49 *Tozancuitlaxcolli* de hojas coloradillas, redondillas y arpadas, algunas de las hojas la mitad coloradas y la mitad verdes; la raíz de esta plata se tostaba con un chile y después se cocía con agua después se colocaba en las cámaras de sangre para sanarlas.

1.7.1.50 *Tzatzayanalquíltic*, tiene las hojas verdes, arpadas y pequeñas. Se bebía molida y mezclada con agua, se daba las mujeres en periodo de lactancia para purificar su leche.

1.7.1.51 *Uauauhtzin*, es alta, con unas hojas angostas, largas y de ramas coloradillas; tiene las hojas algo cenicientas y vellosas. Molida la raíz con la rama se utilizaba en los adormecidos y entumecidos de los pies. Bebida con agua también se daba a las personas mal del pecho.

1.7.1.52 *Uauauhtzin* o *Iztacquáuitl* se utilizaba para disminuir la temperatura y para curar la hinchazón o podredumbre de algún miembro, para lo que se molían flores y hojas en agua caliente.

1.7.1.53 *Xaltómatl* es una mata llena de uvitas que se comen, la raíz es como el rábano y es dulce; la raíz se cocía con agua para eliminar enfermedades de la orina. La raíz de esta hierba molida con *mamaxtli* era utilizada en las personas con problemas en la orina. A veces era mezclada con granos de maíz.

1.7.1.54 *Xoxocoyóltic* con hojas en forma de corazón, arpadas y coloradas; tiene un raíz redonda, parecida a la berenjena por dentro blanca y con un sabor amargo. Se daba de beber a las personas que estaban estreñidas.

1.7.1.55 *Xoxotlatzin*, es muy verde, produce flores entre las ramas y hojas. Esta hierba molida se aplicaba sobre las pústulas que produce el calor.

1.7.1.56 *Yxiayáual* tiene hojas redondillas y verdes, la raíz es negrestina; ayudaba para quitar la fiebre y quitaban la sarna. Se molía junto con la hoja de la hierba *eloquíltic*, para ayudar en los estreñimientos.

Conclusiones

Los antiguos pobladores recurrían a las plantas como medio de supervivencia inmediato, lógico y rico. Las plantas no sólo eran parte de la dieta general; también eran los utensilios más cruciales para crear arte, magia o curar las enfermedades. El conocimiento que tenían estos antiguos pobladores de la naturaleza se ha ido trasmitiendo de generación en generación, dando como resultado que en México el 90% de los habitantes emplea la medicina herbolaria, es decir, la sabiduría que ha sobrevivido sobre las plantas y su relación con los seres humanos al paso de los años (de la Torre Ana Paulina, 2014).

1.8 LAS FLORES Y SU INGESTA

Bernardino de Sahagún, OFM, relató el uso, consumo y adoración por los nativos de las flores, en el libro XI "que trata de los animales, aves, peces, árboles, hierbas, flores, metales, piedras y de los colores", particularmente en la sección "En que se trata de todas las hierbas" describiendo las características de las hierbas, raíces y florestas. Los indígenas no solamente las veían como algo místico y hermoso, sino que también asignaban un simbolismo a algunas de ellas colocándolas en jerarquías o reservando su uso para la exclusividad de los principales. A continuación vamos a retomar sus observaciones e investigaciones para dar una muestra al lector de la importancia y los usos que tenían las flores en Mesoamérica:

1.8.1 *Aitztoli*, es verde tiene las hojas duras y agudas, tienen flores aleonadas oscuras, de estas flores se elaboran tortillas y las cuecen para comer.

1.8.2 *Cacaloxachitl*, flores ametaladas de color amarillo y blanco, de suave aroma, reservadas antiguamente para los principales.

1.8.3*Cacauaxóchitl*, pequeñas, y de la forma de los jazmines, tienen un suave aroma muy intenso.

1.8.4 *Caxtlatlapan*, en un mismo racimo de flores encuentras diversos colores, blancas, amarillas, coloradas y otras más ametaladas. No tienen aroma.

1.8.5 *Cempoalxóchitl*, amarillas, de buen aroma, algunas nacen y otras más se siembran.

1.8.6 *Cozauhqui*, y *Yexóchitl*, son amarillas y olorosas; las utilizaban mucho los principales.

1.8.7 *Cuetlaxóchitl*, hojas como las del cerezo, muy coloradas y finas, tienen un colorado muy fino. No tienen aroma, pero son hermosas y muy preciadas por los pueblos nahuas.

1.8.8 *Eloxochiquahuitl,* son de hechura de las mazorcas de maíz cuando están en la caña, son olorosas y hechas agua son muy sabrosas.

1.8.9 *Equimixóchitl*, flores muy coloradas y de buen parecer, no tienen aroma.

1.8.10 Flores de calabaza o *ayoxochquilitl* cocinadas, se les quitaba la hoja que la envuelve de encima y también se consumían cocido el grumo o las extremidades de las ramas. En ese entonces no se utilizaban el aceite o la manteca en Mesoamérica por lo que solían hervirlas.

1.8.11 *Itzcuinyoloxóchitl*, no son hermosas y no tienen aroma, las utilizaban la gente baja. Medicinal y también se bebe con cacao, le da buen sabor.

1.8.12 *Izquixóchil*son flores blancas, olorosas, hermosas y muy preciadas.

1.8.13 *Macuilxóchitl*, pequeñas amarillas y muy olorosas.

1.8.14 *Omixochitl*, algunas blancas y otras coloradas.

1.8.15 *Quauheloxóchitl*, son pequeños árboles con flores hermosas y de suave aroma.

1.8.16 *Tecomaxóchitl*, flores amarillas, aromáticas y hermosas, se beben con cacao.

1.8.17 *Teonacaztli*, quiere decir orejas preciosas o divinas, son muy olorosas y hermosas, es una especia aromática que se utiliza mucho para beber cacao.

1.8.18 *Teuhquauxóchitl*, flores coloradas que duran dos o tres días sin marchitarse, no tienen aroma y son hermosas.

1.8.19 *Texoxocoyolli*, ramas largas, hojas anchas y ametaladas de verde y morado, solo produce una flor de color morado, esta hierba molida es buena para las hinchazones poniéndola molida sobre la hinchazón.

1.8.20 *Tlacayoloxóchitl*, flores olorosas y hermosas, con hechura de corazón, antiguamente solo los Señores y gente de arte las utilizaban.

1.8.21 *Tlalpoyomatli*; con hojas cenicientas, brota de ella una flor, por su aroma elaboran perfumes para meter en los cañutos del humo y difundir su aroma lejos.

1.8.22 *Tlalizquixochitl*, son muy olorosas, y nacen de unas hierbas que nacen por el suelo; son blancas.

1.8.23 *Tlatlanquaye*, es alargada y solo tiene una rama tiene muchas hojas anchas y agudas, entre ellas tiene flores, leonadas, largas y redondas, tienen una semilla blanca. Estas flores se muelen con las hojas para dar un buen sabor; se muelen y se hierven con agua, bebidas antes de comer son buenas para las personas que tienen cámaras de sangre y vomito.

1.8. 24 *Tocimalt*, es muy hermosa y no tiene aroma alguno.

1.8.25 *Tonacaxóchitl*, flor medicinal olorosa, tiene hojas verdes y sus flores brotan entre ellas, son amarillas casi coloradas. Estas flores se muelen junto con la hierba que se llama *tlachichinoaxihuitl*, estas mezcladas con agua son buenas contra la fiebre, se consume en forma común por sanos y enfermos, hecha con cacao, esta flor y hierba.

1.8.26 *Yoloxochiquahuitl* flores muy olorosas y preciosas, tienen forma de corazón y por dentro son blancas.

1.8.27 *Tonacaxóchitl*, flores coloradas o moradas, no tiene aroma pero su hermosa apariencia.

1.8.28 *Uitzteculxóchitl*, son de diversos colores blancas, moradas, coloradas, no tienen aroma y son preciosas por su apariencia estética.

1.8.29 *Xiloxochitlacotl*, una mata con ramas macizas, delgadas; tiene hojas ralas, verdes y aspadas sus flores son coloradas y son hechas a manera de *xiloxochitl*.

1.8.30 *Xoxotlalzin*, tiene flores entre las ramas y hojas, se utilizaba para las postemas que produce el calor, también con un poco de *tequixquitl* se unían ambas hierbas para colocarla en las heridas y curarlas.

La taxonomía elaborada por Fray Bernardino nos ayuda a entender cómo interactuaban los pueblos prehispánicos con las plantas de Mesoamérica.

1.9 LAS FLORES EN LA FILOSOFÍA PREHISPÁNICA

A continuación se mostrara al lector la importancia que daban a las flores gracias a uno de los hechos más importantes de los aztecas en su cultura, la leyenda del "Lugar del sol" les conducirá por su camino hacia la tierra prometida. También se mostrara la importancia que tenían las flores en su literatura para comprender mejor la gastronomía prehispánica.

1.9.1 LLEGADA DE LA TRIBU AZTECA AL LUGAR DEL SOL:

Los sacerdotes o conductores de la peregrinación dijeron al pueblo azteca:

"De verdad iré conduciéndolos adonde apareceré como águila blanca, por donde tengamos que ir, iré voceando y me verán; cuando llegue allí donde me parezca bien que ustedes vallan a asentarse, allí posare, allí me verán; de modo que luego crearan mi adoratorio, mi casa, mi cama de hierba, donde yo estuve levantado para volar; y allí la gente hará casa, se asentará".[3]

La primera cualidad que tendrán será la cualidad de águila, de tigre, la guerra sagrada, flecha y escudo; esto es lo que comieron y necesitaron; de modo que debían atemorizar y en pago de su valor vencieron y destruyeron a todos los plebeyos y pobladores que ya estaban asentados en cuanto sitio miraban.

Este sitio ofreció para los conquistadores y hombres valientes: las mantas labradas, los *maxtles*, las plumas colgantes del quetzal (para que sean sus divisas y sus escudos), y recibirán "las cosas en general: lo bueno, lo plácido, lo fragante, la flor, el tabaco, el cantar; toda cosa cualquiera que sea" (Castillo Gilda, 1995, p. 41-46).

Primero he de conquistar en guerras para tener y nombrar mi casa de preciada esmeralda y oro; y adornada de plumería y asimismo tener y poseer géneros de preciadas mazorcas, cacao, muchos colores, algodón e hilados: todo lo tengo que ver y tener, pues me es mandado y mi oficio, y a eso vine.

Y en Coatepec les había dicho: mexicanos, os ha de costar asimismo sudor, trabajo y pura sangre, para que vosotros alcancéis y gocéis las finas esmeraldas, piedras de gran valor, oro, plata, fina plumería, preciadas plumas de colores, fino cacao de lejos venido, algodón de diversos tintes, diversas flores olorosas, diferentes maneras de frutas muy suaves y

[3] En la actualidad se cuestiona la veracidad del mito fundacional azteca, ya que hay historiadores que afirman que se investigó bajo el Emperador Itzcoalt cuando mandó quemar todas las crónicas antiguas y sustituirlas por leyendas que reafirmaban el rol guerrero de los aztecas.

sabrosas, y otras muchas cosas de mucho placer y contento (Castillo Gilda, 1995, p. 41-46).

El pueblo del sol libraba una lucha diaria contra la luna y las estrellas para llegar al sol como vencedor por lo tanto cada prisionero que se tomaba en la guerra debía ser sacrificado al Sol, para alimentarlo con la sustancia mágica que representa la vida.

El orgullo del *tenochca* lo crea como un colaborador de los dioses; su vida está dedicada a mantener el orden del mundo y a luchar contra los poderes tenebrosos. Siendo el azteca un soldado del sol, con una misión divina, debe obtener el premio; a él deben corresponder "las cosas en general, lo bueno, lo plácido, lo fragante, la flor, el tabaco y el cantar".

Los aztecas son el pueblo del sol; su ciudad Tenochtitlán, se ha fundado en el sitio en que el águila (*Huitzilopchtli*), se posa sobre el nopal en el centro de la isla que estaba en el lago de la luna, el *Meztliapan*. Allí, donde fue arrojado el corazón del primer sacrificado, el hijo del *Malinalzintli* y allí debía brotar el árbol espinoso o el árbol del sacrificio, que representa el lugar de las espinas

(*Huiztlampa*), la tierra del sol, hacia donde saliera en peregrinación la tribu, partiendo de la tierra blanca (Aztlán).

1.9.2 LÍRICA:

El principal objetivo de la literatura fue describir las hazañas de dirigentes renombrados, expresar los pensamientos y los sentimientos humanos en las hazañas registradas. El género lírico representa una parte importante de la obra literaria, sobre todo en las culturas del centro del país (azteca y maya). En esas culturas se describe la vida, la guerra, la muerte y los dioses.

La poesía prehispánica tiene tres bases fundamentales: las flores, las aves de precioso plumaje y las piedras preciosas. Las flores representaban a un pueblo colorista y delicado, han sido tomadas de la naturaleza para valerse de ellas y crear figuras literarias en la narrativa (drama o lírica). Son un símbolo de belleza y pureza, el encanto que la flor produce es un regocijo interno en el poeta, y en el poema lo transforma en alegría, tristeza o mito. Son por sí mismas, las flores, una metáfora; son verbo y adjetivo, según dice León Portilla. Los cantos líricos también la han llevado más allá, son la imagen de la decadencia o de la muerte, refleja lo natural y sobrenatural; las flores representaron el símbolo del respeto y la preocupación por el bienestar de los dioses. Los mexicas representan a la flor, "Xóchitl", en las elocuencias, las palabras bien dichas y elegantes. El refinado uso de las metáforas era conocido como "in Xóchitl in cuícatl" y el canto o la palabra florida era un tema en la poesía náhuatl que se alude a la evanescencia y fragilidad de la vida. Los nahuas consideraban que las flores eran símbolos asociados a tres deidades: "*Macuilxóchitl*", "*Xochipilli*" y "*Xochiquétzal*", patronos de los juegos, la primavera, las flores, el amor, la música y la danza. Como en el caso de los mayas el veinte también tenía un significado especial y estaba representado por una flor. "*Macuilxóchitl*", <<cinco flores>>, hace alusión a una fecha del calendario. (Remolina 2015).

Los mayas relacionaron las flores con los ancestros, ya que creían sus ancestros surgían de entre las flores.
La flor de mayor importancia fue la ninfea o lirio acuático, "naab"; se le relacionaba como el mundo acuático en el umbral del inframundo, un lugar obscuro y presidido por dioses como el jaguar de lirio acuático. También se le vincula con la serpiente de lirio acuático, que tiene pico, cuerpo de serpiente y lleva en el tocado la hoja y la flor del lirio.

En el Chilam Balam de Chumayel se trata de explicar a la flor "Culhí lahunpiz katún", "culchí nicté katún". Esta representaba un ciclo de 20 años, es de notar que el número 20 se describe con el dibujo estilizado de una flor. El conteo calendárico destaca que cada vez que comienza un nuevo ciclo la flor representa este nuevo comienzo en una forma de trascendencia espiritual y en coordinación con la naturaleza (Castro Ramírez Víctor Raziel, 2016).

1.10 RECONOCIMIENTO DE LAS FLORES

Se mostrará la importancia que tenían algunas flores al estar presentes en leyendas, cantos, adornos, alimentos, simbolismo espiritual y la belleza que trasciende a la vista de quien las admira.

1.10.1 LA DALIA

Existen petroglifos de la zona de Xochimilco y el Códice De la Cruz-Badiano en donde aparece una planta denominada *cohuanenepilli* (Dalia actualmente), formaba parte de un remedio medicinal para los males de la orina; existe desde el esplendor del Imperio Azteca.

El protomédico de Felipe II, Francisco Hernández, en su *Historia natural de las plantas de Nueva España* ilustra a la *acocoxóchitl*: una flor doble, con forma decorativa que semeja una dalia de jardín o *Dahlia pinnata*.

En 1789, Vicente Cervantes director del Real Jardín Botánico de México y miembro de la Real Expedición Española, envió semillas de varias flores mexicanas al abate Antonio José Cavanilles y Palop, director del Jardín Botánico Real de Madrid. Quien recibió las semillas y las cultivo para posteriormente crear con estas plantas las primeras descripciones botánicas; dándolas a conocer en el continente europeo, entre ellas el género Dahlia.

En 1804 el naturalista alemán Alexander von Humboldt recolectó y diversificó la horticultura ornamental de dalia en Europa (Bye y Linares, en prensa).

Actualmente gracias al atractivo que tienen estas flores el Jardín de Dalias en Hamburgo, Alemania, cuenta con más de 5 mil flores de diferentes variedades (Bye, R, 2008, p. 13-15).

1.10.2 ARTE POPULAR

Los principales elementos de inspiración para los artesanos siempre ha sido el entorno natural (flora y la fauna), existentes en su comunidad, así como la forma en que se relacionan con su ambiente. Es aquí en donde queda plasmado su entorno natural, como son las flores: la dalia, el crisantemo, las margaritas, el cempasúchil, la nochebuena, entre otras; algunas de sus costumbres, su visión de la vida y el cosmos. Para las sociedades prehispánicas las flores fueron relacionadas con: la vida, la muerte, los dioses, la creación, el hombre, el lenguaje, el canto, el arte, la amistad o la tierra, entre otros. Dice el historiador Miguel León Portilla que en la época prehispánica "Los hombres y mujeres anhelaban las flores. Eran su deseado atavío, eran su riqueza en la Tierra".

Eran tan preciadas las flores en el mundo prehispánico que tenían jerarquía, algunas eran reservadas para los nobles y guerreros destacados; eran tan importantes que había el castigo de pena de muerte para quienes tomaran cierto tipo de flores sin haber tenido el permiso de tomarlas (Martínez González Lorena, 2014). Francisco del Paso y Troncoso, dice que se consideraba como expresión de grandeza, presentarse con ramilletes de flores en las manos y era signo de respeto ofrecer ramos, guirnaldas y collares de flores a las personas de autoridad.

Se cultivaban y se protegían todas las flores nativas de gran belleza por ejemplo: la flor de manita (*macpalxochitl*), la dalia (*acocoxochitl*), la tigridia (*oceloxochitl*), la nochebuena (*cuetlaxochitl*), la flor de muerto (*cempoalxochitl*), el nardo (*omixochitl*), la salvia, el lirio azteca (atzalxochitl), las ninfeas, la flor de magnolia (eloxochitl), la flor de mayo (*cacaloxochitl*), la copa de oro (*tecomaxochitl*) o la flor de corazón (*yoloxochitl*), entre otras.

1.10.3 LA LEYENDA DE LA FLOR DE CEMPASÚCHIL

La leyenda cuenta la historia de amor de dos jóvenes aztecas *Xóchitl* y *Huitzilin* (el dios sol), parecía que el dios les sonreía desde las alturas ante la ofrenda de los enamorados y ellos juraron amarse por siempre, incluso más allá de la muerte.

Un día llego la guerra y los enamorados tuvieron que separarse ya que el joven *Huitzilin*, debió marchar a la guerra. Al poco tiempo llegaron noticias de que *Huitzilin*, había sido herido durante el combate y finalmente había muerto. La bella *Xóchitl* decidió subir por última vez a la montaña para implorarle a *Tonatiuh*, que la uniera por siempre a su amado; el sol conmovido lanzo uno de sus rayos y al tocar a la joven la convirtió en una hermosa flor, de colores tan intensos como los mismos rayos del sol.

Al poco tiempo llegó un colibrí que amoroso se posó en el centro de la hermosa flor, era *Huitzilin*, que se había transformado en un bello colibrí. Al instante la flor se abrió en veinte pétalos, de aroma intenso y misterioso… Estos enamorados estarían siempre unidos mientras existieran las flores de cempasúchil y colibríes. La flor de cempasúchil nació del amor y el sacrificio de ambos enamorados (Inside Mexico, 2016).

1.10.4 LA LEYENDA DEL CACAO

Quetzalcóatl dio a los aztecas los granos del cacao, él quería tener a su pueblo bien alimentado para así poder dedicarse a hacer mejores hombres estudiosos, sabios, arquitectos, artistas y artesanos. Pero *Quetzalcóatl* robó el árbol del cacao del paraíso en donde vivían los dioses y plantó el pequeño arbusto en Tula. Una vez que plantó el pequeño arbusto, le pidió al dios del agua *Tláloc*, que enviara lluvia a la tierra, así la planta se podría alimentar y crecer. Después fue a visitar a la diosa *Xochiquetzal*, diosa del amor y la belleza, *Quetzalcóatl* le pidió que le diera al árbol flores hermosas. Con el paso del tiempo la planta floreció y dio frutos de cacao.

Quetzalcóatl enseñó a los aztecas como tostar los granos, molerlos y después batirlos con agua para así obtener una rica bebida actualmente conocida con el nombre de chocolate. Los habitantes se convirtieron en hombres poderosos gracias esta bebida tan sabrosa y energética. Cuando los dioses se enteraron de todo lo que había logrado su pueblo gracias al chocolate, que *Quetzalcóatl* les había robado, su ira y la envidia que sintieron fue tan grande que juraron vengarse de *Quetzalcóatl* y de los aztecas, ya que los dioses no podían tolerar que una bebida sagrada para ellos fuera consumida por los hombres.

Deshonrado y avergonzado, *Quetzalcóatl* decidió irse para siempre, pero antes de partir vio que todos los árboles de cacao que con mucho cuidado y cariño los aztecas habían cultivado estaban totalmente secos, sin embargo, se dio cuenta que en la tierra habían quedado algunas semillas todavía fértiles. *Quetzalcóatl* las recogió y guardo, al llegar a Tabasco, las esparció en tierra fértil en donde se reprodujeron y siguieron prosperando hasta el día de hoy (Inside Mexico, 2017).

1.10.5 POESÍA

En la antigua poesía se podía evocar a los dioses, a la vida, a la muerte, a todo lo hermoso, a lo natural y sobre natural que rodeaba la vida de la antigua cultura azteca.

1.- “Con flores pintas, Dador de la vida, con cantos das color a los que han de vivir en la Tierra”

“sólo como una pintura nos iremos borrando, sólo como una flor nos iremos marchitando en la Tierra” (Castro Ramírez Víctor Raziel, 2016)

2.- Ponte de pie, haz resonar nuestro atabal.
Que se conozca la amistad,
Aunque sólo tenemos prestados
Nuestro cañuto de tabaco,
Nuestras flores. (Castro Ramírez Víctor Raziel, 2016)

3.- Yérguete, tú, amigo nuestro,
Toma tus flores en el lugar de los atabales.
Que salga tu amargura,
Adórnate con ellas, las flores preciosas;
Se están repartiendo
Las flores de cacao, las de oro. (Castro Ramírez Víctor Raziel, 2016)

4.- ¿Se irá tan sólo mi corazón
como las flores que fueron pereciendo?
¿Nada mi nombre será algún día?
¿Nada mi fama será en la tierra?
¡Al menos flores, al menos cantos!
¿Cómo lo hará mi corazón (para sobrevivir)?
¡Ay, en vano pasamos por la tierra! (Garibay, 1937, p.176)

5.- Si sólo aquí en la tierra
fragante flor y canto,
¡que sean nuestra riqueza
que sean nuestro atavío,
gocémonos con ellos! (Ibíd., pp.186)

6.-Ya nuestro padre el Sol
se hunde ataviado de ricas plumas,
en una urna de piedras preciosas,
y va como ceñido con collares de turquesas,
entre policromas flores que sin cesar llueven… (Garibay, 1937, p.39-40)

1.10.6 “*TEOCUÍCATL*” (Cantos Divinos)

Estos cantos se realizaban en alabanza, suplica o para dar gracias por los beneficios recibidos.

1.10.6.1 CANTO A *XOCHIPILLI*

Encima del campo de juego de pelota
Hermosamente cante el precioso faisán:
Está respondiendo a *Cintéotl*.
Ya cantan nuestros amigos, ya canta el preciso faisán:
En la noche lució *Cintéotl*.

-<<Solamente oirá mi canto el que tiene cascabeles,
El que tiene rostro enmascarado solamente oirá mi canto:
Cipactonalli.
Pongo la ley en *Tlalocan*: el Proveedor de bienes (pongo la ley).
En *Tlalocan* yo, el Proveedor, yo pongo la ley.

-Oh, yo he llegado allá donde el camino se reparte:
Yo sólo soy *Cintéotl*.
¿A dónde iré? ¿A dónde seguiré el camino?
El Proveedor de *Tlalocan*. ¡Llueven los dioses! (Castro Ramírez Víctor Raziel, 2016)

1.10.6.2 CANTO A XOCHIQUÉTZAL

¿De la región de lluvia y niebla,
Yo *Xochiquétzal*,
De junto allá vine? ¡Aún no!
(Estoy) en la Casa de la Orilla, en *Tamoanchan*.
Cómo llorabas tú, sacerdote de la región del viento

¡*Piltzintecuhtli*...!
Buscaba a *Xochiquétzalli*.
A la región de niebla de turquesa
En favor de nosotros irá. (Castro Ramírez Víctor Raziel, 2016)

1.10.6.3 CANTO A *MACUILXÓCHITL*

De donde las flores están enhiestas he venido yo:
Viento que proveerá, Dueño del rojo crepúsculo.

Del mismo modo, tú, abuela mía,
La de la máscara (eres), Dueña de la aurora.
Viento que proveerá, Dueño del rojo crepúsculo.

O dios, de los presagios funestos,
Oh, Señor mío, *Tezcatlipoca*:
Responded al dios Mazorca... (Castro Ramírez Víctor Raziel, 2016)

1.10.6.4 ECHA BROTES

Echa brotes la Flor de Águila,
La de ancha fronda.
Y están abriendo corolas
Las Flores del Escudo.
¡Tus flores, Sumo Árbitro,
Por quien toda cosa vive!…"

"En verdad son tan amadas,
Tus flores, oh dios:
Se han ahumado la cabeza,
Tus flores, flores de guerra, Flores de Tigre,
Allá están, en medio del campo de guerra…" (Castro Ramírez Víctor Raziel, 2016)

1.10.6.5 ¿SE LLEVAN LAS FLORES?

¿Se llevan las flores a la región de la muerte?
¿Estamos allá muertos o vivimos aún?
¿Dónde está el lugar de la luz pues se oculta el que da la vida? (Castro Ramírez Víctor Raziel, 2016)

Conclusiones del capítulo

Este capítulo relató distintas leyendas de la época prehispánica relacionados con las flores. En la primera parte hablamos de las leyendas de las flores que en algún momento tuvieron su parte de verdad, más adelante nos encontramos con la utilidad de las flores y las hierbas en la salud humana utilizándolas como medicamento y finalmente encontramos muchas de ellas en el consumo alimenticio prehispánico y que actualmente se siguen utilizando en las cocinas mexicanas. Mostró la importancia que algunas flores tenían para los pueblos prehispánicos y como se vinculaban con los hombres y los dioses. En la categorización de las flores comprobamos a través de las narraciones aquí presentadas que había jerarquías de las mismas y en algunos casos se castigaba con la muerte a el que cortara estas flores consideradas preciosas y sagradas, las culturas prehispánicas tenían un trato especial hacia la naturaleza ya que le consideraban su igual, gracias a la leyenda del quinto sol que nos relata estamos hechos de huesos, sangre de los dioses y el maíz.

A la sub-hipótesis de este capítulo ¿por qué los diversos grupos étnicos que vivieron en Mesoamérica consumieron flores como parte de su ingesta gastronómica?

La respuesta es positiva ya que como se demuestra a lo largo del capítulo se consumían las flores por el sabor único que brindaba a sus platillos como lo siguen mostrando actualmente la flor de calabaza, la flor de frijolillo, ayocote, cabuches, entre muchas otras; por las propiedades curativas como la dalia, girasol, zacate de gujugue.

Por sus propiedades nutritivas como el cardón, flor del ayocote, acacia, cempasúchil; por los "poderes" espirituales que se les brindaban, su utilización ornamental y decorativa.

CAPÍTULO II "FLORICULTURA ACTUAL"

Al paso de los años la práctica de florifagia ha disminuido debido al crecimiento de ciudades y reducciones en áreas verdes, provocando así dificultades en los ecosistemas de ciertas especies, desde el crecimiento hasta el nacimiento de la flor. Sin embargo está importante tradición ha encontrado la forma de sobrevivir en lugares biodiversos como lo es en los pueblos de Cuetzalan en la Sierra Norte de Puebla y Xaltocan en el estado de Tlaxcala, entre otros. La floricultura actual ha evolucionado siendo un importante mercado dentro de la gastronomía local ya que en cada mercado del país se puede encontrar flores de calabaza, colorín, acacia, los alache, la flor del palmito, entre otras; también se puede encontrar a las flores en la cultura dando vida a diversos adornos, en las creencias religiosas por ejemplo el dios de las flores Xochipilli, así como la flor de muerto y la dalia la flor representativa de México.

Este capítulo busca resolver la pregunta ¿es importante desarrollar el crecimiento de la floricultura y florifagia en México? La respuesta debe ser afirmativa ya que al acrecentar el conocimiento del cultivo y consumo de las flores se genera un crecimiento económico y se crea un mayor campo laboral. Para lograr el aumento de este mercado es necesario conocer la forma en que la cultura mexicana emplea las flores dentro de la gastronomía actual, esto es para comprender la importancia que tiene la comercialización de estas. Se realizó una investigación de campo (mediante el uso de encuestas) para descubrir que tanto conocimiento se tiene del tema actualmente, y recabar algunas recetas tradicionales que incorporan la florifagia mexicana.

2.1 FLORICULTURA MEXICANA CONTEMPORÁNEA

El mercado mundial de flores se valora en $49 mil millones de dólares americanos anuales (al 2016); la Unión Europea se ubica como uno de los principales productores, importadores y consumidores en el mundo (Floricultores Internacionales, 1994). La industria de las flores en nuestro país se convierte en una de las más exitosas a partir de 1979, aun siendo esta una industria que se encuentra en el anonimato por el abandono que le han dado las autoridades, productores, líderes y el burocratismo aduanal. Hoy en día se desempeña con éxito manteniéndose en el cuarto lugar mundial en producción de extensiones cultivadas y tallos. Es tal el impacto que tiene la floricultura, que en el año 2011 se reflejó un crecimiento con un valor de 5 mil 646 millones de pesos. Esta cifra se puede comparar con la producción de frijol del país que revela un valor de 6 mil 890 millones de pesos (Torres Lugo Raúl, 2014).

Siendo que este no es un producto de primera necesidad su demanda refleja en flores y plantas de ornato un valor de 37 mil 338 toneladas en el año 2000, y en el año 2009 cerca de 95 mil toneladas, aseguran los productores de las flores mexicanas (Torres Lugo Raúl, 2014). Esto es importante ya que demuestra que la importancia que tenían las flores en nuestra cultura ha evolucionado se dejaron de emplear en algunos sitios, mientras que ha retomado una fuerza mayor en otros ámbitos.

En el México existen cerca de 10 mil productores dedicados al cultivo de flores (2014), además cuenta 22 mil hectáreas destinadas para ésta actividad, de las cuales el 52% son para el cultivo ornamental es decir 12,884 y el 48% son para la cosmética y la industria alimentaria (PROMUEVEHIDROPONIA, 2014). Es importante resaltar la forma en que son cultivadas estas flores, ya que no son comestibles en su totalidad porque a la mayoría de ellas se les adicionan químicos (pesticidas) que utilizan los productores para evitar las plagas en sus cultivos.

2.1.2 PROBLEMÁTICA

La industria de la explotación y comercio de las flores se mantiene en el anonimato por la poca información que se tiene acerca de los logros de este sector, por lo que se piensa que la producción de flor es sólo doméstica cuando la industria está a la par con las mejores del mundo. Esto lo afirma el gerente del "Mercado Mexicano de la Flor," Eduardo Enrique Arizmendi Aguirre, miembro de la exitosa producción florícola del estado de México, primer productor nacional (Torres Lugo Raúl, 2014). Aun cuando el valor de las exportaciones y la variedad de los productos exportados no son de gran magnitud, se participa en un amplio número de mercados. En 1990 México exportó 13.8 millones de dólares a dieciocho países. Del total exportado, 88% se envió a Estados Unidos, Canadá y 12% a otros 16 países (Proyecto Ejecutivo Agroindustrial IV).

En 1994 México ya exportaba una buena cantidad de productos florícolas a Estados Unidos y Canadá, pero la reglamentación vigente en el mercado, como los requisitos de embalado, marcado, requisitos fitosanitarios, aunados a la política de desgravación arancelaria impidieron el crecimiento proyectado para los años siguientes al Tratado de Libre Comercio de Norteamérica (TLC). La competencia internacional también fue un factor importante. En la década de los 90; países como Colombia, Israel y Holanda, invirtieron en mejorar los procesos productivos de la floricultura desplazando a los productos mexicanos en cantidad y calidad. Por otro lado México no se ha preocupado por abarcar otros mercados. Actualmente más del 85% de las exportaciones se dirigen a Estados Unidos y una pequeña parte se dirige a Europa, que es un mercado potencialmente más grande para comerciar. Los mercados asiáticos también están en crecimiento: su consumo de flores es cada vez mayor lo que sin duda debe ser aprovechado por nuestro país.

La producción de flor de exportación representa actualmente el 10% de las 8,416 hectáreas totales de flores y plantas que se cultivan en el país y ha generado una captación promedio de 20.3 millones de dólares anuales de 1989 a 1998.

Algunos de los problemas con los que ha tenido que lidiar la floricultura son:

2.1.2.1 Un parcial intercambio tecnológico entre productores

Se podría aprovechar el intercambio de tecnologías entre los productores para lograr una mayor competencia entre ellos, que los impulse a innovar, crecer y mejorar no solo en el mercado nacional, sino que ayudarían activando la economía del país al dar a conocer sus productos en el extranjero.

2.1.2.2 Baja respuesta a la organización para integrar un transporte en bloque a la exportación.

Es necesario contar con un transporte adecuado para este producto tan delicado, ya que cuentan con propiedades y cualidades únicas que al ser transportadas en una forma errónea podrían perderse o afectarse. Debido al cambio de temperaturas, embalaje, un mal transporte, un mal etiquetado o la presión que se pueda ejercer sobre ellas afectaría el producto final.

2.1.2.3 Escasa seriedad y fiabilidad ante el importador.

La baja confianza y seriedad que se tiene en los productos importados se debe a la baja calidad de los productos, no todos los productores cuentan con un método eficiente en su cultivo, así como los fertilizantes o invernaderos adecuados. Como consecuencia provoca que sus productos no pasen las pruebas fitosanitarias que se les aplican antes de permitir su entrada a un país.

2.1.2.4 Deficiente transporte aéreo comercial para la floricultura.

Al igual que con el transporte terrestre se necesita contar con un transporte aéreo adecuado para el traslado de las flores, ya que deben de contar con una manipulación especial, ventilación y temperatura adecuados.

Si se solucionaran los problemas anteriores, la participación de la floricultura nacional incrementará su participación en el mercado externo, no tan sólo en flores de corte y alimenticias, sino también en esquejas y plantas de follaje (Proyecto Ejecutivo Agroindustrial IV). La falta de conocimiento en el tema de la florifagia y publicidad en el mercado nacional e internacional impide que esta práctica crezca y aporte sus beneficios en la gastronomía al gusto de los extranjeros en donde se podrían popularizar las flores mexicanas como alimento.

2.1.3 UNA INDUSTRIA EN CRECIMIENTO

Las asociaciones de floricultores revelan que la producción de flores y plantas de ornato se encuentra en más de 21 mil hectáreas en los estados de México, Puebla, Morelos, Michoacán, Jalisco, San Luis Potosí y Baja California, principalmente. Lo que nos revela la importancia que tiene esta gran industria en nuestro país. Las flores que se cosechan en mayor cantidad son la nochebuena, con 12 mil 885 toneladas anuales; le sigue el crisantemo con 12 mil 757 toneladas; la rosa, nueve mil 479; follajes, ocho mil 677; clavel, tres mil 772; gladiola, tres mil 457 y palma camedor, mil 261 toneladas; entre otras flores, de las cuales se consumen en nuestro país la noche buena, el crisantemo y la rosa entre muchas otras; ya sea en una comida tradicional o emblemática de alguna celebración como lo es la noche buena en la temporada de navidad (Torres Lugo Raúl, 2014).

2.1.4 GENERADORA DE EMPLEOS

Esta gran industria genera trabajo para 15 mil familias en veintiséis estados de la república mexicana. También crea 188 mil empleos permanentes, 50 mil empleos eventuales y hasta un millón de empleos indirectos. México comienza a marcar valores mundiales en 44 mil millones de dólares americanos anuales. Esta industria podría generar más empleos al difundirse la florifagia ya que como se ha visto es parte de la gastronomía nacional y se ha dejado en el anonimato con el paso de los años, esto podría generar la creación de sitios especializados en el cultivo de las flores comestibles y en las grandes ciudades se darían a conocer nuevos sitios especializados en la florifagia (Torres Lugo Raúl, 2014).

2.1.5 PRODUCCIÓN DE FLORES EN MÉXICO

La SAGARPA nos informa que las flores que más exporta México y el mundo son: gladiola, rosa, *lilium* clavel, esqueje sin raíz, plantas en maceta y follaje. El 75% de la producción en México se realiza a cielo abierto. Actualmente el 80% de la producción total en México se destina al comercio interno mientras que el otro 20% de la producción es exportada.

De las flores que se comercializan en forma local, nacional y extranjera también poseen propiedades nutritivas, sin embargo este conocimiento se ha dejado en el olvido, cuando realmente es una parte importante de la cultura mexicana, como se demostró en el capítulo anterior. Proponemos en esta sección realizar entrevistas a mexicanos "promedio" que nos informen qué saben sobre la florifagia. Al brindar estas entrevistas al lector se busca dar a conocer que se pueden preparar diversos platillos a partir de una misma flor o empleando varias en una misma receta, también se dan a conocer diferentes tradiciones y costumbres en la elaboración de ellos ya que a nivel local pueden variar sus técnicas de preparación, presentación o decoración.

2.2 ENTREVISTAS: Recabando información

Al aplicar estos cuestionarios se puede comprobar la hipótesis de este trabajo que es el consumo de la florifagia desde la época prehispánica hasta la época actual, ya que como nos relata Sahagún en la época prehispánica se consumían las flores de calabaza, y aun en nuestros días trasciende su consumo en las tradicionales quesadillas, o en las tortitas rellenas de queso, que es la forma en que ha ido evolucionando su consumo; tanto en el campo como en la ciudad y también su presentación. Esto mismo ocurre no solo con las flores de calabaza, también ocurre con las flores que se presentaran más adelante en el recetario, en esta investigación busco dar a conocer todas aquellas flores de la época prehispánica que aún se siguen consumiendo ya sea en forma habitual o en celebraciones especiales.

Las preguntas que se realizaron buscaban conocer qué tan conocido o usual es el consumo de la florifagia. Se entrevistaron a cien personas en tres estados diferentes Puebla, Oaxaca y Tlaxcala (se eligieron estos estados por su gran riqueza gastronómica); se esperaba de las respuestas dieran a conocer las flores que se consumen con más frecuencia en la dieta, conocer qué porcentaje de la población conoce o ha escuchado hablar del tema y conocer de quienes preparan en forma común estas flores en sus preparaciones más habituales. Las personas entrevistadas pertenecen en su mayoría a una clase media y baja ya que este sector se ha visto en la necesidad de aprender y conocer todos los medios nutritivos y alimenticos posibles para tener una buena salud.

¿Cuáles son los usos de las flores en la comida mexicana actual?

La florifagia actualmente es practicada por un sector de la población que es muy pobre ya que ellos se ven en la necesidad de seguir las temporadas en las que se consumen ciertas flores y aprovecharlas al máximo. Siguiendo la tradición del consumo de estas que por generaciones les han enseñado.

En algunos restaurantes de alta cocina o de vanguardia se pueden llegar a encontrar algunas flores como decoración en los platillos.

¿En qué sitios se consumen actualmente?

Las personas de los pueblos o zonas alejadas a la ciudad conservan en un 85% esta tradición ya que siguen conservando sus conocimientos trascendentales; sin embargo este conocimiento no es general aun dentro de una misma zona, varían las flores que se consumen o el estilo de comidas que se elaboran con ellas. El restante 15% no tiene conocimiento en el tema.

Las personas dentro de las ciudades en un 60% saben que se consumen las flores pero en muchos casos no saben cómo es que se preparan o específicamente cuales son las que se consumen. El restante 40% no tiene conocimiento en el tema.

¿Has escuchado hablar acerca del consumo de las flores? (Si) (No)

Es importante esta pregunta ya que será la base de las siguientes que se presentaran a los entrevistados, con esto se esperaba saber si tenían o no conocimiento previo al tema. Se esperaba que la mayoría de los entrevistados tuvieran un mínimo conocimiento previo, la respuesta fue favorable ya que casi todos los entrevistados conocían o habían escuchado hablar de esto en forma popular.

1. ¿Consumes alguna flor en forma regular?

   (Si) (No)

   Conocer si en su dieta diaria tienen este tipo de costumbre. Se esperaba un consumo más regular de estas, aunque solo el 36% de los entrevistados las consumen en su dieta.

2. Menciona una alguna flor comestible.

   Conocer cuáles son las flores que más se consumen actualmente, se esperaba conocer las flores más utilizadas en la cocina tradicional, se encontraron entre las respuestas más populares, la flor de calabaza, de cempoalxóchitl, el frijolillo, las flores de palmito, las flores del maguey, el colorín, la rosa, borraja y la manzanilla entre otros.

3. ¿Conoces alguna receta con ellas?

   (Si) (No)

Es importante conocer las recetas tradicionales o más usuales en las que se consumen las flores ya que es gracias a estas recetas que se ha conservado esta tradición en diferentes sitios, nos encontramos con las tradicionales quesadillas de flor de calabaza, el cebiche de palmitos, las flores con manteca, las tortitas de diferentes flores rellenas y el mole verde de calabacitas acompañado de flores.

4. ¿Crees que es importante dar a conocer este tema?

   (Si) (No)

   La opinión de las personas acerca de este tema es valiosa ya que es muy poco conocido, en general la respuesta fue positiva tal como se esperaba.

¿Por qué?

Tal y como dieron a conocer los entrevistados hay muchas propiedades y recetas que se han perdido con el paso de los años.

A continuación van a mostrarse los resultados obtenidos en las entrevistas.

1.- ¿HAS ESCUCHADO HABLAR ACERCA DEL CONSUMO DE LAS FLORES?

SI = 98

NO = 2

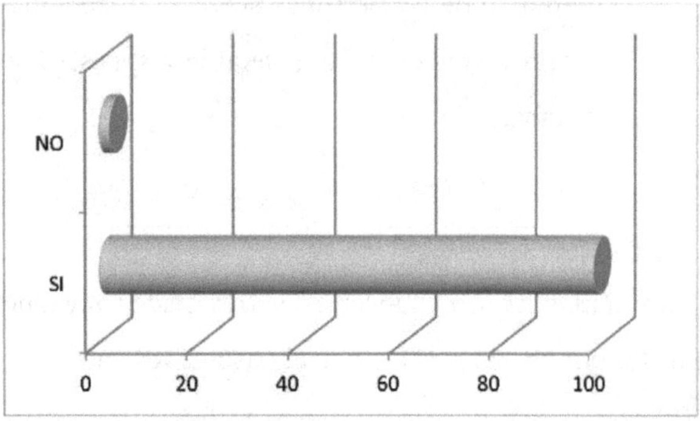

2.- ¿CONSUMES ALGUNA FLOR EN TU DIETA DIARIA?

SI = 36

NO = 64

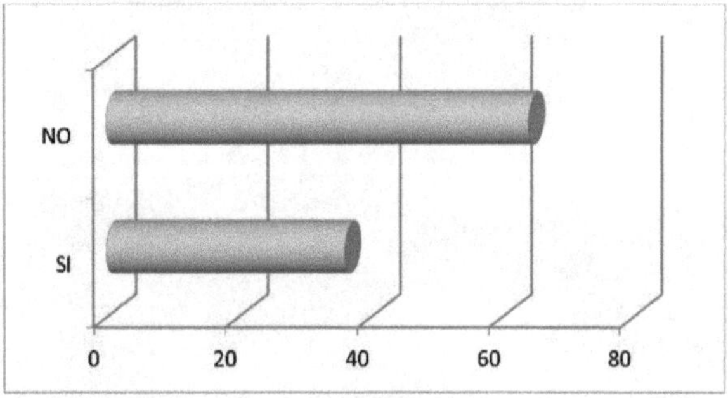

3.- MENCIONA EL NOMBRE DE ALGUNA FLOR COMESTIBLE

CALABAZA	=	72
ROSA	=	20
FRIJOLILLO	=	25
MANZANILLA	=	85
COLORÍN	=	10
PALMITOS	=	25
BORRAJA	=	5

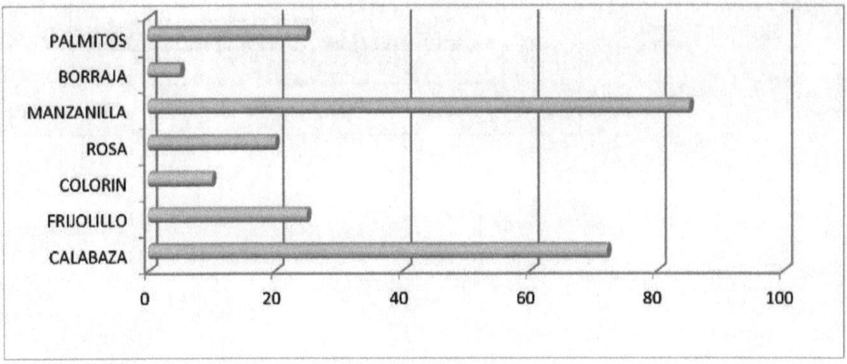

4.- ¿CONOCES ALGUNA RECETA CON ELLAS?

SI = 86

NO = 14

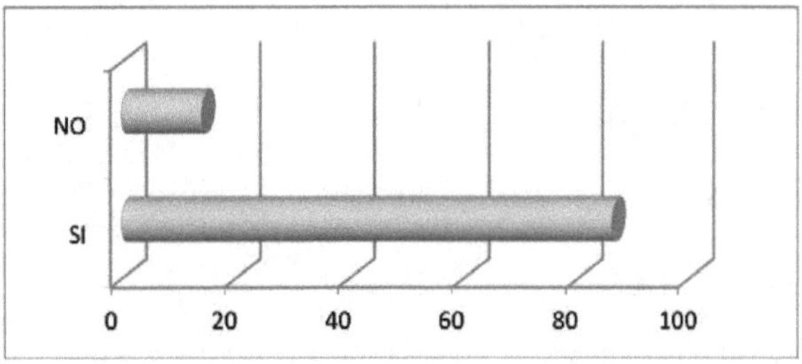

5.- ¿CREES QUE ES IMPORTANTE DAR A CONOCER EL TEMA?

SI = 93

NO = 7

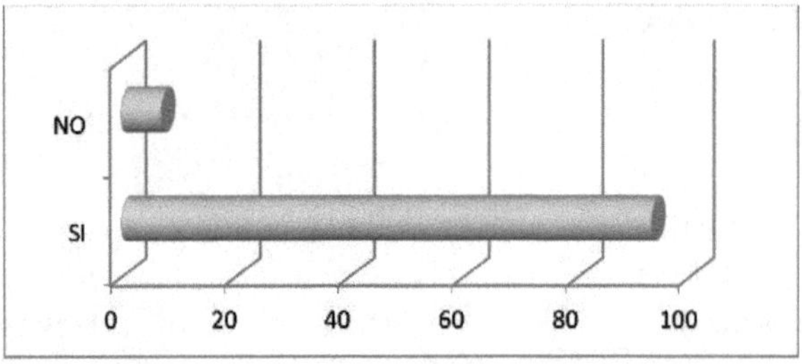

A continuación se van a mostrar las 5 entrevistas que fueron más relevantes en la investigación.

Nombre del entrevistado:

Hermenegildo Gregorio López Herrera

Localidad:

Xaltocan, Tlaxcala.

1. ¿Has escuchado hablar acerca del consumo de las flores?

   (Si) (No)

2. ¿Sabes de alguna flor comestible?

   (Si) (No)

3. Menciona alguna flor comestible

   Flor de calabaza, Cempaxúchitl, Noche buena, Frijolillo, flor de Madroño, flor de Chilacayote, Palmitos, flor del Maguey, flor de las Verdolagas, Quiotes y la flor del Quintonil,

4. ¿Conoces alguna receta con ellas?

   (Si) (No)

5. ¿Crees que es importante dar a conocer este tema?

   (Si) (No)

   ¿Por qué?

   Es importante saber qué es lo que se come, conocer sus propiedades pero desconocemos como se preparan o combinan en muchas ocasiones. Su valor nutricional es muy importante y su sabor

6. ¿Algo que te gustara agregar?

   Flor de la verdolaga se prepara igual que el mole de verdolaga, solo se le añade.

   Madroño se capea con huevo

Frijolillo se capea con huevo

Chilacayote es una flor dulce

Flor de maguey se prepara capeada con guisado.

Estas flores se consumen fritas con manteca natural o aceite y sal. A veces se rellena con salsa.

Flor del quintonil se hierve, se fríe y se hace en quesadillas con los tlalitos del chicharrón.

Nombre del entrevistado:

Rosa Emilia Sánchez Ramírez

Localidad:

Apizaco, Tlaxcala.

1. ¿Has escuchado hablar acerca del consumo de las flores?
   (Si) (No)
2. ¿Sabes de alguna flor comestible?
   (Si) (No)
3. Menciona alguna flor comestible
   Flor de calabaza, Colorín, Frijolillo, Palmitos, flor del Maguey o quiote, Rosa silvestre (de castilla), Borraja y flor de la hierba de San Juan
4. ¿Conoces alguna receta con ellas?
   (Si) (No)
5. ¿Crees que es importante dar a conocer este tema?
   (Si) (No)
   ¿Por qué?
   Porque muchas personas no lo conocemos totalmente y es muy extenso.

6. ¿Algo que te gustara agregar?
   Frijolillo capeada y rellena de queso con caldillo de jitomate, chiles cuaresmeños y perejil.
   Palmito con huevo
   Rosa de castilla curativa infusiones.

Nombre del entrevistado:

Marcelino Marcos Aquino García

Localidad:

Xonaca, Puebla

1. ¿Has escuchado hablar acerca del consumo de las flores?

   (Si) (No)

2. ¿Sabes de alguna flor comestible?

   (Si) (No)

3. Menciona alguna flor comestible

   Flor de calabaza, Colorín, flor del Maguey o quiote.

4. ¿Conoces alguna receta con ellas?

   (Si) (No)

5. ¿Crees que es importante dar a conocer este tema?

   (Si) (No)

   ¿Por qué?

   No conocemos los beneficios que tienen estas flores en nuestro organismo, desconocemos como se preparan aunque en algunas conozcamos son medicinales.

6. ¿Algo que te gustara agregar?

   Mole rojo con calabacitas, flor de calabaza y bolitas de masa rellenas de chicharrón, se puede acompañar también con un poco de costillas de res.

Nombre del entrevistado:

Rosalba Santos Bernardino

Localidad:

Puebla, Puebla

1. ¿Has escuchado hablar acerca del consumo de las flores?
   (Si) (No)
2. ¿Sabes de alguna flor comestible?
   (Si) (No)
3. Menciona alguna flor comestible
   Flor de calabaza, Colorín, Rosa, Manzanilla, Diente de león.
4. ¿Conoces alguna receta con ellas?
   (Si) (No)
5. ¿Crees que es importante dar a conocer este tema?
   (Si) (No)
   ¿Por qué?
   Conocemos que tienen propiedades alimenticias y algunas medicinales en infusiones, pero también desconocemos muchas más que pueden ser de gran valor para nuestro cuerpo. También se podrían vender nuevos productos.

Nombre del entrevistado:

Juana Hernández

Localidad:

Oaxaca

1. ¿Has escuchado hablar acerca del consumo de las flores?

   (Si) (No)

2. ¿Sabes de alguna flor comestible?

   (Si) (No)

3. Menciona alguna flor comestible

   Flor de calabaza

4. ¿Conoces alguna receta con ellas?

   (Si) (No)

5. ¿Crees que es importante dar a conocer este tema?

   (Si) (No)

   ¿Por qué?

   Desconocemos estas flores que pueden comerse y podrían dar sustento cuando una familia no tiene la economía necesaria para subsistir.

6. ¿Algo que te gustara agregar?

   Recetas comunes: quesadillas

   Calabacitas, flores de calabaza y habas en chile verde

   Sopa campesina

   Flor de calabaza rellenas o capeadas.

2.3 CONCLUSIONES

Después de haber realizado este trabajo de campo confirmamos que las personas entrevistadas ven a la florifagia como una fuente importante en la alimentación, ya que no siempre se cuenta con los recursos necesarios para una dieta balanceada y al fomentarla se crea una nueva fuente de alimentación; más accesible, saludable y nutritiva para aquellas personas que la requieren. Este tema causa desconfianza a algunas personas que no lo practican o no lo conocen por ello es importante difundir la forma en que se preparan tradicionalmente, con lo que se espera que la florifagia cause interés y se vuelva parte de la dieta cotidiana en toda la población.

Es importante dar a conocer esta información a chefs, gastrónomos, y al público en general para enriquecer el consumo de las flores, ampliando sus dietas. Se espera que con este estudio se refleje mejor la importancia que tiene en algunas zonas y la poca información que se tiene en otras. El compartir las recetas que se han transmitido de generación en generación busca rescatar la esencia de esta práctica, así como evitar su perdida.

CAPÍTULO III.- LA IMPORTANCIA DE UNA CLASIFICACIÓN

Es importante dar a conocer que al igual que los animales y las plantas; las flores también tienen su propia clasificación, para lo cual se hablará un poco acerca de la "fanerogamia" o la rama de la ciencia que se encarga de estudiarlas y clasificarlas de acuerdo a sus características únicas y familiaridad que tienen con otras. Mientras que la Criptogamia estudia todas aquellas plantas, algas y helechos que no producen flores.

En este capítulo se busca conocer ¿cuáles son las flores de origen mexicano comestibles? Se conocen en forma popular las flores de calabaza y frijol en la dieta de los mexicanos siendo estas las más comunes, sin embargo no son las únicas que se consumen, por ello se busca crear un enlistado con todas aquellas que han logrado sobrevivir al paso de los años y cambios en la alimentación logrando su adaptación y uso tradicional.

3.1TAXONOMÍA

A continuación vamos a brindar una pequeña explicación acerca de la clasificación de las flores y sus cualidades, para lograr comprender mejor este concepto vamos a brindar una breve reseña histórica de la evolución de esta ciencia hasta nuestros días. Es importante entender que la taxonomía nos brindara una clasificación y propiedades más específicas para todas aquellas flores comestibles y la taxonomía nos permite explicar algunas de sus propiedades que las vuelven tan valiosas.

La palabra taxonomía proviene de dos vocablos latinos: *Taxis* (Orden) y *Nomos* (ley o norma) y es la rama de la biología que se encarga de dar nombre y clasificar a los seres vivos (área ciencias.com). El hombre se ha encontrado rodeado por más de 5 millones de especies vegetales y animales, por lo que se ha encontrado en la necesidad de describirlos, ordenarlos y clasificarlos. Durante los primeros estudios en botánica la clasificación de las plantas se basaba en su utilización en la medicina, el lugar donde crecía, listado alfabético, entre otros. A continuación describiremos brevemente diferentes etapas históricas en las que se realizaron taxonomías vegetales, es necesario para el lector conocer esta información ya que con la evolución de las ciencias cada día se complementa más la información que se tiene acerca de las propiedades y cualidades que cada especie tiene en si misma o se puede encontrar en una familia especifica.

Una de las primeras clasificaciones apareció en Sumeria (2700 a.C.) era una guía de plantas medicinales (botanicaense, 2016, p. 14-16).

Aristóteles (384-322 a.C.) es el primero en hacer una pequeña clasificación. Clasifico plantas y flores conforme a su función y forma; *Plantas sin flores (hongos, algas, helechos) y plantas con flores.

Teofrasto (370-285 a.C.) clasifico a las plantas por hábitos de crecimiento como árboles, arbustos y hierbas.

Para el año 1500 el chino *Shizhen* clasifico a las hierbas en dieciséis categorías y sesenta y dos sub categorías.

En el siglo XVI los botánicos comienzan a clasificar las plantas siguiendo un orden metódico. Es el médico y botánico italiano Andrea Cesalpino (1525-1603) el primero en hacer esta clasificación por el tipo de fruto y semillas.

Jonh Ray (1627-1705) naturalista ingles que estableció la "especie" como base en la clasificación de los organismos.

El botánico, médico y teólogo Joseph Pitton de *Tournefort* (1656-1708) en *Eléments de botanique* (1694) clasifica cerca de quinientas plantas basándose en la corola (enciclopedia.us.es, 2011).

En 1735 aparece el sistema de Carlos von Linné (*Linnaeus* o Linneo) fue el propulsor de la clasificación que se conoce hoy en día. Linneo escribió *Species Plantarum*, en el que se identificaban y clasificaban más de siete mil especies de plantas. Según el método se da un nombre en latín que consta de dos palabras (nomenclatura binomial): la primera de ellas, con su inicial en mayúscula, corresponde al género al que pertenece la especie. La segunda, en minúscula, puede hacer referencia a alguna característica de la especie, a su descubridor, a su hábitat, etc.; (área ciencias.com).

Esta segunda palabra siempre ha de ir acompañada de la primera, pues por sí sola no indica la especie. Ejemplo el hombre, Género: *Homo*, Especie: *Sapiens*[4], su nombre científico sería: *Homo sapiens*. Tomando la taxonomía de Linneo se crearon las reglas y normas utilizadas en la taxonomía, establecidas por: el código internacional de nomenclatura botánica. Actualmente se reconocen doce categorías de clasificación en la taxonomía vegetal (desde 1910) y cada una de ellas tiene subcategorías (área ciencias.com).

[4]*Sapiens*: Sabiduría, que tiene la capacidad de pensar, desarrollar conocimiento, razonar, entre otras características únicas de la especie. (Definición ABC s.f.)

3.2 LA TAXONOMÍA VEGETAL

Esta rama de la Biología se basará exclusivamente en las plantas y nos brindara información precisa sobre aquellas que producen las flores comestibles, ya que en algunos casos no solo se consumen las flores; se pueden consumir también los tallos, hojas o raíces. Para lograr esto la taxonomía vegetal es sistemática: es la ciencia que estudia la reconstrucción de la filogenia (historia evolutiva).

Criptogámia: parte de la Botánica que estudia las plantas sin flores, incluyendo algas, hongos, briófitos y helechos.
Incluyela Ficología, Micología, Liquenología, Briología y Pteridología (plantas y hongos.es).

Fanerogamia: parte de la Botánica que estudia las plantas con flores, incluyendo gimnospermas y angiospermas.

3.3 FANERÓGAMIA

Esta parte de la Botánica nos permitirá estudiar la diferenciación, diversidad y el parentesco que existe entre los vegetales con flores, la palabra proviene del griego: *Phaneros* = aparente, visible y *Gamos* (nupcias, matrimonio, unión, boda); es decir, plantas con órganos sexuales visibles. Estos órganos son las flores, constituidas por hojas profundamente modificadas llamadas esporófilos. Las fanerógamas a su vez se denominan:

3.3.1.- ANTOFITAS. Del griego: *Anthos* = flor y *Phyton*= planta; las antofitas estudian a los vegetales con flores

3.3.2.- CORMOFITAS. Son los vegetales o plantas con Cormo; un vástago orientado hacia la luz, que vive en ambiente aéreo, compuesto por tallo, hojas, y una raíz, un órgano de fijación y absorción que vive en el suelo (Blog. Charcape Ravelo Manuel, p.7).

La fanerógamia es la rama de la Botánica que se encarga del estudio de las flores, al ser esta una investigación de florifagia la fanerógamia es la ciencia que nos ayuda a identificarlas, agruparlas y clasificarlas en el orden correspondiente.

3.4 CICLO DE VIDA DE LAS FLORES

3.4.1.- ANUALES: Florecen un año y mueren. Presentan un ciclo de vida vegetativo.

3.4.2.- BIANUALES: Florecen dos años consecutivos y mueren. Presentan dos ciclos vegetativos completos.

3.4.3.- PLURIANUALES O VIVACES: Florecen todos los años. CADUCAS: Pierden las hojas durante la época fría. PERENNES: Siempre presentan hojas (Pellizza Sergio, 2016).

Esta clasificación nos ayuda a entender que no todas las plantas y flores son permanentes, como la rosa que florece en forma plurianual y su uso es muy común en la repostería, algunas de las flores que más populares en su ingesta como la flor de noche buena es anual y no se podrá contar con esta flor en todos los meses del año, encontrándola únicamente en los meses de noviembre a enero. En conclusión esta sección nos brinda un panorama más específico de la clasificación que encontraremos a lo largo de este trabajo, es importante entender que no siempre se ha contado con el mismo conocimiento en el tema; y que con el paso del tiempo las ciencias se van volviendo más exactas, específicas y de mayor valor. El estudio de las flores comestibles es más completo al brindarnos información más exacta acerca de ellas, no solo en sus propiedades alimenticias o curativas, el conocer su clasificación nos brinda mayores oportunidades para su explotación en el área nutritiva.

3.5.- LAS FLORES DE ORIGEN MEXICANO COMESTIBLES

Este apartado explicará la taxonomía de las flores mexicanas comestibles, así como su empleo en las cocinas tradicionales, los sitios en donde se encuentran comúnmente y en algunos casos leyendas que atribuyen las personas que las consumen a las flores y plantas de donde las obtienen. Es importante este conocimiento para los jóvenes estudiantes, chefs, catedráticos y para todas aquellas personas que estén interesadas en el tema ya que es información importante para su formación cultural y enriquecedora para el paladar de quien las prueba por primera vez.

3.5.1Acacia

Grupo muy numeroso de árboles y arbustos que crecen en las regiones tropicales. Estas plantas producen unas vainas semejantes a las de las habas y los guisantes, es por eso que se clasifica entre las leguminosas. Su consumo es regional sobre todo en los estados de Oaxaca, Puebla, Chiapas y Morelos, sus frutos son consumidos como guajes ya sea seco o fresco; también se consumen como los ejotes y sus hojas son utilizadas como los quelites. En algunas ocasiones se muelen sus semillas para elaborar harina o para hacer rendir el café (Ricardo Muñoz Zurita, 2012, p. 2).

3.5.1.2 *Acacia Acatlensis*

Estas flores se preparan cocidas añadiéndolas en diferentes caldos, sopas, en los frijoles, como verdura en guisos y también se consumen asadas y fritas. Nombres comunes: *Huechachin*, aroma, cascalote, colita, corteza de curtidora, espina divina o sagrada, espino blanco, maroma y vinorama (Márquez *et al.*, 1999).Nombres comunes en idiomas indígenas de México: Márquez *et al.* (1999) reportan los nombres de *wichacin* (náhuatl), *ínucua* (mixteco), *arumbari, tsurimbiní, nacazcalotl, pathahochoixachin, l xemb, xhag, yag, güiichi, cakilizche, cashaw, subin, kuka`, thujanom* (tenek),*hichin, joesh kan u`ushe* ((L.) Willd, 1806, p. 1).

3.5.1.3 *Acacia Bilimekii*

El tehuixtle (Acacia *bilimekii*), especie para la restauración de la selva baja caducifolia (Contreras Hinojosa, 2014, p. 3-16). Todas las partes de la planta tiene propiedades medicinales según Record y Hess (1943), Conzatti (1946), Schery (1956) y Martínez (1959). Su infloración ocurre entre los meses de octubre a mayo, sus flores son pequeñas, numerosas y por lo general amarillas. La utilidad que dan a esta planta es desde emplearla como golosina por los pobladores, para el consumo del ganado y en el estado de Sinaloa como medicina para curar la Lepra. Nombres comunes: Mushel espinoso, tehuistle o tehuiztle en Puebla (Ricardo Muñoz Zurita, 2012, p. 3).

3.5.1.4*Acacia Cornígera*

Puede llegar a medir hasta 10 metros de altura, tiene espinas grandes, ahuecadas hacia afuera que se encuentran en la base de hojas (asemejan a los cuernos de un toro) y presentan un color café, algunas veces marfil o amarillas. La inflorescencia en espiga con flores sésiles de corolas amarillas de uno y medio centímetro de largo, ligeramente más largas que el cáliz. Su legumbre es color caoba de cinco a nueve centímetros y sus semillas color pardo obscuro con arilo blancuzco (naturalista, 2016).

3.5.1.5*Acacia Coulteri*

Árbol de tres a diez metros de alto, con hojas similares a plumas divididas, flores blanquecinas comestibles y una vaina plana comestible que mide unos quince centímetros de largo por dos centímetros de ancho en Jalisco, los retoños y las flores de este árbol se consumen como quelites, se hierben en agua con sal y se utilizan como relleno en quesadillas. También se cocinan en caldillo de jitomate, cebolla y sal. Los huicholes de Nayarit los preparan cocidos con agua y sal y las aderezan con cebolla picada o rebanada, chile picado, sal y limón y se comen con tortilla. Conocido como guaje blanco en Puebla, guajillo o guajilla en Tamaulipas, tepeguaje en Durango, temachaca en Nayarit y Jalisco (Ricardo Muñoz Zurita, 2012, p. 3).

Nombres comunes: Acacia, Guajillo, Guaje blanco, Guayabilla, Palo blanco, Palo de arco, *Tepeguaje*, Huaje blanco, *Temachaca*, *Ma-uá* (guarijío),[5]*Guayavia* y *Huajilla*. Su distribución se encuentra registrada en

---

[5]La lengua guarijío (*varihio*, *warihio*) cuenta con 300 hablantes en el oeste de Sierra Madre, en Chihuahua occidental, Río Chinipas al este de la frontera de Sonora hasta el nacimiento del río Mayo en Sonora. (PROEL s.f.)

la literatura en los estados de Coahuila de Zaragoza, Colima, Chihuahua, Durango, Guanajuato, Guerrero, Hidalgo, Jalisco, México, Michoacán de Ocampo, Morelos, Nuevo León, Oaxaca, Puebla, Querétaro de Arteaga, Sinaloa, Sonora y Tamaulipas (naturalista, 2016).

3.5.1.6 *Acacia Farnesiana*

Flores de color amarillo, originadas en las axilas de las espinas, pueden hallarse solas o en grupos de dos o tres, son flores muy perfumadas. Sus flores se encuentran apiñadas en bolas densas y mullidas ((L.) Willd, 1806, p. 1-4). Huizache es el nombre más común en todo el país; espino o espíritu blanco en Oaxaca (Ricardo Muñoz Zurita, 2012, p. 3).

3.5.2 Agave o maguey

Es una planta robusta, de grandes dimensiones, con hojas o pencas gruesas y carnosas, de color verde claro, que se abren en rosetón desde el suelo, tienen de quince a veinte centímetros de anchura en la base y llegan a alcanzar cerca del metro y medio de largo.

Su nombre proviene del griego y significa "ilustre, admirable o noble". *Metl* era el nombre genérico en lengua náhuatl, los grupos que habitaron el territorio nacional contribuyeron a su diversificación. Su linaje data de unos ocho millones de años. Se conocen actualmente doscientas especies, más de la mitad se encuentran exclusivamente en territorio mexicano, su tiempo de vida es entre cinco y setenta años, dependiendo de la especie. Florecen una sola vez para reproducirse a través de la polinización por insectos, aves y animales. Algunos agaves dan origen a hijuelos, plantas idénticas a las que las produjeron.

Las especies que más se utilizan en la elaboración de mezcales son: *Agave americana, Agave americana. Var. Oaxacensis, Agave angustilofia, Agave cupreata, Agave durangensis, Agave inaequidens, Agave karwinskii, Agave lechuguilla, Agave Maximiliano, Agave palmeri, Agave potatorum, Agave rhodacantha, Agave salmiana, Agave tequilana*. Con los agaves se elaboran distintos destilados alcohólicos llamados genéricamente mezcales, aunque cada una de estos destilados recibe un nombre específico y en algunos casos cuentan ya con la denominación de origen (Ricardo Muñoz Zurita, 2012, p. 9). Su utilización es muy importante en México ya que sus hojas, flores, tallos y savia son ampliamente consumidas y utilizadas por ejemplo sus hojas son utilizadas en la elaboración de material para construir techos en las comunidades indígenas y para obtener fibras; sus flores y quiote son popularmente consumidos fritos con manteca; las pencas albergan gusanos de maguey rojos y blancos, los cuales es muy común encontrar en ricas salsas tradicionales y fritos en taquitos de tortilla; con la epidermis de las hojas se obtiene el mixiote que se emplea en el guiso que lleva su nombre y las pencas se emplean para envolver la carne de la barbacoa. De ellos también se elabora el tan conocido aguamiel, que da origen al pulque.

3.5.3 Alache

Es una especie de quelite velloso de hasta un metro de alto con un tallo verde y con muchos pelitos. Hojas de forma irregular (sub triangular). Flores azules o moradas, pequeñas, los pétalos tienen muchos pelitos en la base. Sus Frutos tienen forma de estrellita, en el interior se hallan las semillas blancas cuando tiernas y negras cuando están secas. Crece como maleza en los cultivos de las regiones cálidas y semicálidas de todo el país (Biblioteca Digital de la Medicina Tradicional Mexicana, 2009). De la familia de las malváceas en esta planta se aprovechan los tallos tiernos, las hojas y las flores. Se prepara de forma similar a todos los quelites. Se puede encontrar a la venta en manojos dentro de los mercados del centro del país durante la época de lluvia, de mayo a septiembre.

En muchas ocasiones al igual que con otras flores antes de utilizarlas se ponen a hervir con agua limpia las hojas, tallos y flores. En forma tradicional se puede preparar en salsas de chile de árbol o chile guajillo, el agua donde se cocieron las hojas, tallos y flores se ingiere como consomé agregando salsa o chiles picados. El fruto tierno sin cáscara se come y tiene la forma de un quesito.

En la zona de la Mixteca poblana se acostumbran en caldo acompañadas con calabacitas y ejotes tiernos. En Morelos se cuecen en agua con tequesquite, junto con calabacitas y/o habas verdes; una vez cocidos se baten hasta desbaratarse y se añaden cebolla, ajo y chile serrano picados; se acostumbra servirlo en la mesa con un poco de jugo de limón. También es conocido como: aguatosa, halache, violeta del campo (Ricardo Muñoz Zurita, 2012, p. 19).

3.5.4 Arete (*Fuchsia fulgens*)

Hierba de cincuenta centímetros de alto, su tallo es color café, redondo, liso; sus hojas son ovaladas y pequeñas. Las flores son de color rosa profundo, que pende como un arete de la planta que la produce. Esta planta crece en los montes, la podemos encontrar durante todo el año en lugares húmedos. Es comúnmente utilizada en la medicina tradicional para sanar quemaduras, para ello se tritura toda la planta incluyendo el camote y se coloca sobre de la quemadura a tratar (Biblioteca Digital de la Medicina Tradicional Mexicana, 2009). Sus frutos son pequeñas vallas color negro y sus flores se preparan comúnmente en los estados de Puebla, Veracruz y Michoacán (Ricardo Muñoz Zurita, 2012, p. 9).

3.5.5 Amaranto o Alegría (*Amaranthus spp.*)

Tiene hojas largas y comestibles que son llamadas quelites. La parte más importante de la planta son las semillas, que se forman en la punta de la planta un ramillete conocido como moco de pavo por su semejanza al color de la cabeza de los guajolotes. Cada moco produce unas cincuenta mil semillas, las cuales se dejan secar. Miden generalmente uno y medio metros de altura. Por sus propiedades, la planta fue designada con el nombre científico de *Amaranthus*, del griego *arnárantos*, inmarcesible (que no se puede marchitar).

Los amarantos que producen flores de colores verde, rosa, rojo o purpura; sin embargo, la semilla es pálida en todas, excepto en una variedad roja utilizada en Comalcatepec, Oaxaca, llamada quintonil. Algunas de las variedades más conocidas son el *Amaranthus blitoides, Amaranthus caudatus, Amaranhus hibridus, Amaranthus caudatus, Amaranthus leucocarpus, amaranthus palmeri y Amaranthus spinosus*.

Actualmente el amaranto se consume en México de forma muy similar a como se elaboraba en la época prehispánica: en atoles, en harina para la chapata michoacana y en alegrías. También se consumen las hojas tiernas como los quelites, las cuales son conocidas como quintoniles. La flor purpura es comúnmente utilizada para adornar las ofrendas de día de Muertos.

Los yaquis consideran al amaranto como una planta muy apreciada gracias a sus variados usos alimenticios. La especie *Amaranthus cruentus* tiene una antigüedad de seis mil quinientos años y sus semillas fueron halladas en grietas de la cueva de Coxcatlán en Tehuacán, Puebla. Las muestras arqueo botánicas del *Amaranthus hypochondriacus*, otra variedad de amaranto, son de quinientos años antes del descubrimiento de América. Es muy probable que especies de estas plantas originarias de América se cultivaran en una zona mucho más extensa que abarcó desde los actuales estado de Arizona y Nuevo México hasta Perú, región en la que prospera el *Amaranthus caudatus*.

Desde la época prehispánica las hojas tiernas y las semillas se han utilizado como alimento. Para la cultura mexica fue tan importante como lo eran el frijol y el maíz; era producido en el valle de México, el emperador azteca Moctezuma recibía anualmente unas cuatro mil toneladas como tributo de otros pueblos. Esta cultura creía que el comer el amaranto (*tzoalli)*, les daba una fuerza sobrenatural.

En las ceremonias del dios Huitzilopochtli, se mezclaban las semillas con miel oscura de maguey (algunos investigadores suponen era sangre) para lograr una pasta que también llamaban *tzoalli*, con la cual se elaboraban figuras a semejanza de sus dioses. Los españoles consideraron esta práctica abominable, pues daban por hecho en ella una forma de comunión. Hernán Cortes en su estrategia para anular la cultura religiosa mexica, prohibió el cultivo del amaranto bajo pena de muerte (Ricardo Muñoz Zurita, 2012, p. 27).

3.5.6 Anisillo (*Tagetes spp.*)

Es el nombre que se le da comúnmente a cuatro especies de plantas de las asteráceas, producen flores similares entre sí, su sabor y aroma, recuerdan al anís. Son plantas de hojas pequeñas y flores de color amarillo intenso, abundan en los prados y caminos. Las especies más comunes son *Tagetes lucida, Tagetes micrantha y Tagetes filifolia*. En muchos estados la utilizan para hacer infusiones. En el estado de Chiapas se usa para preparar un atole llamado *pozonque* o *puzunque*. En Guerrero se usa en el pozole de atole fresco. En los estados de Hidalgo, Michoacán y Tlaxcala se utiliza para dar color a algunos atoles y para cocer las mazorcas de elotes (Ricardo Muñoz Zurita, 2012, p. 29).

Entre los usos que se dan en la medicina tradicional podemos encontrar que es utilizada para tratar trastornos digestivos (dolores de estómago) en los estados de Guanajuato, Guerrero, Michoacán y Tlaxcala). También es recomendada para tratar desórdenes ginecológicos como cólicos menstruales. Se recomienda para dolores en general (los de espalda, de abdomen, cerebro, cuerpo, huesos, muelas, riñones, dolores internos y de "aire" (producidos por un cambio brusco de temperatura), enfriamiento localizado en cintura, oídos, cabeza y pecho; dolor y tos de naturaleza reumática). Es común utilizar toda la planta al preparar los remedios para los diversos padecimientos.

Nombres comunes: Anisillo, *atagote*, cedrón, flor de *xuchitl*, hierbanís, hierba anís, hierba de nubes, hierba de San Juan, hierba santa, periquillo, rincón, Santa María, Santa María de jardín, *tatalencho*, yerbanís. Chiapas: *k'anal nich wamal*, *k'ixin vomol*, *perikon vomol*, *tzitz ak*, *tzitz pox*, *tzitz vomol*, *tzitzilal ul* (tzotzil), *tzitzak* (tzeltal), *tzo' ka'il jomol* (tzeltal/tzotzil); en el Estado de México: *mikua* (otomí), *xonequilitl*;

Guerrero:yita perico (mixteco), *cuahuyahuitli*; curucume; Morelos: *yauhtli* (náhuatl); Michoacán: *tztzcurulcum*; San Luis Potosí: *ojoom* (tenek) (Biblioteca Digital de la Medicina Tradicional Mexicana, 2009).

3.5.7 Ayatito (*Calochortus barbatus*)

Son unas flores acampanadas de color amarillo, se localizan en los bosques de encinos durante la época de lluvias, de junio a septiembre. Estas flores al igual que muchas otras se consumen capeadas, en guisados, revueltas con huevo o en tortitas. Antiguamente se cosechaban los bulbos de esta flor cuando aparecían los primeros botones, se preparaban de dos maneras la primera es en un horno subterráneo (barbacoa) o sobre las brasas de un fuego casi apagado, dejándola "chamuscarse" unos veinte minutos, después retiraban lo quemado y lo comían tal y como nosotros lo hacemos con las cebollas (Delicias Prehispánicas, 2013).

Esta flor se puede encontrar en los estados de Aguascalientes, Chihuahua, Distrito Federal, Durango, estado de México, Guanajuato, Hidalgo, Jalisco, Michoacán, Morelos, Oaxaca, Puebla. Querétaro, San Luis Potosí, Tlaxcala y Zacatecas (Heike Vibrans, 2009).

También se conocen como: gallito, lirio y mariposa.

3.5.8 Ayocote (*Phaseolus coccineus*)

Tiene su origen en *ayecohitli (aiecotli)* que significa frijol grande o frijol gordo; mientras que *ayocoxochitl* quiere decir "flor del anterior frijol". Se encuentran desde dos centímetros de largo, y los hay de color morado, café, rojo y pinto según la región. En algunos sitios arqueológicos se han encontrado restos de frijol que datan del Preclásico y Clásico, también se han hallado pinturas murales prehispánicas incluyendo Teotihuacán (Mural de Tepatitlán) y en Zacuala. El estudio de estos hallazgos confirma que el frijol era cultivado en Mesoamérica desde hace 9,000 años y que fueron dos las especies predominantes que integraron la dieta básica de los antiguos Mexicanos. En la era precolombina, la importancia del frijol estuvo marcada por la civilización azteca que llego a incluirlo en el rol de ser un tributo y se contaba con un permiso exigido a las tribus que hacían uso de este recurso o zonas en las que se establecían (Delicias Prehispánicas, 2013).

De esta planta se consumen sus flores, ejotes y semillas; las flores rojas se venden en los mercados locales durante el mes de febrero. En Chiapas la flor de bótil o ayocote se aprovecha cociéndola en agua y guisándola en caldillo de jitomate o sazonada con cebolla y chile Simojovel (Ricardo Muñoz Zurita, 2012, p. 59). Tradicionalmente las flores se hierven en agua con sal o tequezquite, se escurren y luego se fríen y se les añade huevo batido, revolviéndolo todo.

3.5.9 Badoh negro *(Turbina corymbosa)* y *(Ipomea violácea)*

Originarias del sureste mexicano y constituyen uno de los principales alucinógenos sagrados de chinatecos, mixtecas, mazatecos, zapotecas y otros grupos indígenas de Oaxaca. Se encuentran registros escritos de esta planta desde 1651, en los escritos de Francisco Hernández, el médico personal del Rey Felipe IV de España quien pasó varios años en México estudiando las plantas medicinales que utilizaban los indígenas. Otro nombre común es “gloria de la mañana”, el badoh negro se ha utilizado en

Oaxaca principalmente, en la adivinación, las ceremonias rituales, con propósitos curativos y mágicos-religiosos. Sus flores suelen confundirse con el floripondio, y aunque sus efectos pueden ser ligeramente similares, la ipomea contiene niveles más bajos de intoxicación (Biblioteca Digital de la Medicina Tradicional Mexicana, 2009).

3.5.10 Biznaga

Se encuentra en las zonas áridas y semiáridas que ocupan más de la mitad del territorio mexicano. Las zonas áridas norteñas están representadas por los desiertos de Chihuahua, Coahuila, Zacatecas, San Luis Potosí y porciones de Durango, Nuevo León e Hidalgo, Baja California, Baja California Sur, Sonora y una parte de Sinaloa. En el centro del país hay una importante región árida que abarca los estados de Querétaro, Oaxaca y, particularmente, Puebla, en la zona conocida como Tehuacán-Cuicatlán (México desconocido).

3.5.10.1 *Echinocactus platyacanthus*

Especie de alturas diversas, gruesa, cilíndrica y con muchas costillas que por lo general se conocen con el nombre de aureola de muchas espinas. Producen flores amarillas y frutos cubiertos por una densa capa de pelusa espinosa. Sus botones comestibles se llaman cabuches. Los expertos ubican el origen de esta palabra en el náhuatl *vitznahua* o *visnahua* (corrupción de *huitznáhuac*), que significa “la rodeada de espinas”. Entre las que más se utilizan está la Echinocactus platycanthus que se encuentran en San Luis Potosí, Querétaro, Puebla e Hidalgo. Esta especie se encuentra protegida y es un delito federal comerciar con ella (Ricardo Muñoz Zurita, 2012, p. 80).

3.5.10.2*Ferocactus latispinus*

Cactáceas globosas o cilíndricas, con frecuencia alargadas, posee unas costillas gruesas y prominentes, de espinas grandes, rectas o algo curvas. Produce flores que tienen matices blancos, rojos y amarillos, sus frutos son más pequeños que las tunas cardonas. Se encuentran en las regiones áridas de México. Algunas de las más utilizadas son *Ferocactus almosanus* cuyos tallos cocidos son utilizados por los tarahumaras para mezclar con la masas de maíz y para preparar tortillas, y *ferocactus latispinus*, también conocida en Durango como biznaga de chilitos, pues sus frutos se llaman así. Los mayas de Sinaloa preparan la biznaga con miel de *etcho* y en Zacatecas se utiliza para decorar cemitas (Ricardo Muñoz Zurita, 2012, p. 80).

3.5.11 Bretónica

Es una hierba que mide de treinta a ochenta centímetros de altura, sus tallos son cuadrangulares y con pelillos cortos. Las hojas tienen los bordes con forma de sierra, con pelos finos y suaves; son rugosas por el reverso. Sus flores son de color blanco, tienen la forma de pequeños embudos y se concentran a manera de racimos densos en las partes terminales de la planta. Los frutos son cafés, más o menos redondos.

Esta planta se utiliza en el estado de Hidalgo, para ayudar a las mujeres en el momento del parto se emplea la planta completa hervida con culantrillo. Cuando se presentan hemorragias vaginales, se hierve con cardo rojo, cardo morado y flor blanca (*Phacelia platycarpa*). Para que las señoras puedan tener hijos, se hierven las raíces. A las mujeres que padecen dolor de cintura se les aplican vaporizaciones en el cuerpo, o bien, se les da de beber la cocción varias veces al día.

En el estado de México se recomienda tomar un vaso del té antes y después del parto. Para limpiar la matriz (eliminación de fragmentos de placenta después del parto) se hierve la planta junto con zoapatle, ruda y epazote, se da a tomar a la parturienta a veces endulzada con chocolate o piloncillo. También se le ocupa para detener la menstruación en señoritas.

En el estado de Morelos se utiliza para contener la hemorragia de parto y de la menstruación, quitar el cólico de puerperio y de menstruación, se toma la infusión de las hojas junto con romero y cuatecomate, hasta que desaparezca el dolor o la hemorragia, y en el postparto se administra a manera de té, una cocción de bretónica con otras plantas; se prepara en una olla de barro y se deja toda la noche o un día, a fuego lento.

También es conocido como: Brenilla, bretónica blanca, pretónica, salvia, sonaja. Estado de México: *datha nejexmho* (otomí). Michoacán: *chun chinaskua* (purépecha) (Biblioteca Digital de la Medicina Tradicional Mexicana, 2009).

3.5.12 Bushná (*Spathiphyllum friedrichsthalii*)

Es una planta que posee hojas de lámina ancha, su flor es una columna cilíndrica de siete a diez centímetros, de tono blanquecino, se encuentra protegida por una espata oval del mismo tono. Se conoce comúnmente como una planta de ornato y es poco común como comestible; su uso registra en otras áreas de América. Al igual que la mayoría de las flores en México se come cocida, frita o en salsa, sobre todo en su estado joven. Sus flores cocidas y molidas se preparan en salsa en Chiapas.

También es conocida en Chiapas como: chile de gato, flor de chile, gusano, maicillo, *nik uts* y olotillo (Ricardo Muñoz Zurita, 2012, p. 89).

3.5.13Cabuche

Es el botón floral comestible de la biznaga, mide dos y medio centímetros de largo y se recolecta en marzo y abril en los estados de San Luis Potosí, Coahuila, Zacatecas, Durango, Tamaulipas y Nuevo León. Utilizados ancestralmente por los pueblos indígenas como alimento, quienes lo consumen cocidos, al natural o en ensalada. En dichos estados se preparan en tortitas, también se pueden preparan en conserva ya sea en salmuera o en escabeche.

Se consumen solas, como botana, o se les añade a la ensalada de lechuga, jitomate y aguacate; también se hierven en agua y se fríen con aceite, ajo y comino. En San Luis Potosí, especialmente en el Altiplano y en el valle del Salado, los cabuches son parte de la dieta y se preparan en varias formas: cocidos y empanizados, con pan o galleta molida, se fríen para comerse solos o con alguna salsa y acompañados con ensalada de lechuga. Los cabuches suelen servirse como entrada o para acompañar carnes o pescados. Al igual que el resto de las flores son cocidos y revueltos con huevo, o guisados en salsa de chile colorado típico de la región. En el centro del país se capean o se preparan tortitas que se sirven en caldillo de jitomate (Ricardo Muñoz Zurita, 2012, p. 94).

3.5.14 Calabaza

El uso de esta planta se registra desde la época prehispánica, en donde gracias a su fruto y los múltiples usos que tienen las diversas partes de la planta se dio su domesticación en la península de Yucatán. Generalmente son plantas rastreras o trepadoras, pertenecientes a la familia de las cucurbitáceas, producen flores amarillas, aun que presentan diferentes colores, tamaños y formas de acuerdo a la variedad a la que pertenezcan. Dentro de la gastronomía mexicana ha sido uno de los ingredientes base en la dieta común desde la época prehispánica; junto con el maíz y el chile. Su fruto tierno o maduro se utiliza como verdura, y una vez madura la fruta se utiliza para preparar dulces como el calabazate y la calabaza cristalizada. Suelen tostarse sus semillas en un comal con sal para comerse como botana, son muy utilizadas para obtener aceite y preparar salsas. Sus flores son escogidas siendo las más pequeñas y delgadas; ya sea para preparar con ellas diferentes tipos de guisos o prepararlas rellenas; así como sus tallos tiernos (guías).

La flor especialmente se emplea en una gran variedad de platillos, se consumen en forma cruda o cocida; se acostumbra principalmente en las quesadillas de flor de calabaza y las sopas de la calabaza en la zona centro del país. Se le puede encontrar en la sopa de hongos y flor de calabaza, la sopa de milpa, la sopa de cuitlacoche en flor de calabaza, entre muchas otras. Es común encontrarlas como entremés rellenas de queso freso con queso panela, capeadas o empanizadas. En los restaurantes donde se ofrece cocina mexicana contemporánea se le puede encontrar en las pechugas de pollo rellenas de flor de calabaza, las crepas rellenas de flores, entre otras. Son fáciles de encontrar en todos los mercados populares del centro del país, comúnmente en manojos.

También es conocida como: *Ayohtli* o *ayotli* (náhuatl), Chicayote y gualla (Ricardo Muñoz Zurita, 2012, p. 102).

3.5.15 Cardón

También conocido como: Pitahaya, Cardón (Español) / *Ox* (Huave) / *Hairbrush organ cactus* (Inglés) / *Etcho* (Mayo) / Cardon barbón, Cardón espinoso, Hecho, Pitayo, *E'cho*, Cardón barbón, *Echo*, *Kardum* (ND) / *Bigi-tope* (Zapoteco).Se encuentra registrado en los estados de Baja California, Baja California Sur, Colima, Chiapas, Chihuahua, Durango, Guerrero, Jalisco, México, Michoacán de Ocampo, Nayarit, Oaxaca, Puebla, Sinaloa, sonora y Zacatecas (Guzmán, Arias & Dávila, (2003).).

En el estado de Sonora se aprovecha el tallo para curar las enfermedades digestivas como el cólico, gastritis, úlcera y colitis. En el estado de Oaxaca se le refiere como antiséptico urinario; para lograr tal efecto se bebe el cocimiento de la flor. Se dice además, que sirve para curar heridas, llagas y fiebre (Biblioteca Digital de la Medicina Tradicional Mexicana, 2009).

3.5.15.1 *Pachycereus pecten-aboriginum*

Mide entre cinco y diez metros de altura, es una planta carnosa, espinosa y arborescente, produce flores blancas en su interior y moradas en los bordes, además produce un fruto globoso de seis a siete y medio centímetros. Se encuentra en los estados de Baja California, Sonora, Sinaloa y Chihuahua.

3.5.15.2 *Pachycereus weberi*

Variedad de cactus color verde azulado procedente del estado de Oaxaca, llega a medir hasta diez metros de altura, con diversas ramas colocadas como candelabro. Las flores se producen a lo largo de las ramas y se son comestibles igual que el fruto. Se le puede encontrar en forma silvestre en los estados de Guerrero, Oaxaca, Morelos y Puebla (Ricardo Muñoz Zurita, 2012, p. 121)..

3.5.16 Cempasúchil (*Tagetes erecta*)

Su nombre proviene del náhuatl *cempoalli* (veinte) y *xochitl* (flor). Es una planta herbácea de hojas recortadas, produce flores amarillas, grandes y muy aromáticas, son de color amarillo o naranja; estas se consumen crudas o hervidas en ensaladas. Actualmente también se sabe que se utiliza en algunas nieves y helados. Es producida en los estados de México, Veracruz, Distrito Federal, Tlaxcala, Tabasco, Chiapas, Michoacán, Hidalgo y Sinaloa entre muchos otros. Esta flor es la más utilizada para adornar y decorar los altares que se crean para el día de Muertos (Ricardo Muñoz Zurita, 2012, p. 132).

Esta flor es muy empleada en distintas partes de la República Mexicana como remedio a distintos males, por ejemplo en padecimientos digestivos, dolor de estómago, el "empacho", la diarrea, los cólicos, "enfriamiento estomacal", afecciones hepáticas, bilis, vómitos, indigestión, para hacer algunos lavados intestinales, contra los parásitos y como carminativo. También es común encontrar que utilicen esta planta para curar fiebres, enfermedades de tipo respiratorio, catarro, gripa, bronquitis, entre otras. Aliviar problemas ginecobstétricos como inflamación del vientre, frialdad en la menstruación, cólicos menstruales, es recomendada en mujeres embarazadas y baños postparto, para que baje la leche y como abortiva. En las afecciones de la piel se usa para aliviar salpullido, llagas, verrugas y granos. Así como en alteraciones nerviosas, para el insomnio, los nervios, y controlar los ataques epilépticos. También se emplea en la diabetes, el reumatismo, cuando hay irritación, supuración de los ojos, en el dolor de oídos, para aliviar el dolor de cabeza, la frialdad, el cáncer, las fístulas, hidropesía, como antiespasmódica y antipalúdica. Para el tratamiento de las distintas enfermedades es muy común que se preparen las hojas con o sin la flor, ya sea en cocimiento, infusión, sahumerio o fritas para administrar oral o localmente en baños, untada, como chiquiadores, en fomentos he inhalada, siendo en algunos casos mezclada con otras plantas o materiales acompañantes (Biblioteca Digital de la Medicina Tradicional Mexicana, 2009).

También es conocida como: Cempoal, flor de muerto y nulibé (Martínez, 1979), cempasúchil, cempoalxóchitl y periquillo (Villarreal, 2003). En el Bajío se usa cempasúchil silvestre y Zempoala (Villarreal, 2003). Nombres comunes en idiomas indígenas de México: *Apátsicua* (lengua purépecha y tarasca), *caxiyhuitz* (lengua huasteca), *cempoalxóchitl* (lengua náhuatl), *guie'biguá*, *guie'coba*, *picoa*, *quiepi-goa* (lengua zapoteca), *kalhpu'xa'm* (lengua totonaca), *ita-cuaan* (lengua mixteca), *jondri* (lengua otomí), *musá*, *musajoyó* (lengua zoque), *tiringuini* (lengua purépecha y tarasca), *cempaxúchil* y *xumpatsnchitl*, *santoorom wits* (lengua huasteca) y *Marigold* (Inglés) (Martínez, 1979; Villarreal, 2003) (Heike Vibrans, 2009).

3.5.17 Chapaya (*Astrocaryum mexicanum*)

Palma de la familia de las *arecáceas* mide entre tres y cinco metros de alto: en su tronco tiene espinas verticiladas y aplanadas de cinco centímetros, su fruto y su flor son comestibles. En el estado de Chiapas se consumen los retoños de este árbol y sus brotes en diversos guisos, las flores se preparan en una salsa con pepita de calabaza mezclada con yumì, al igual que la mayoría de las flores estas se consumen capeadas, con huevo, en sopas y en diferentes guisos.

También es conocido como: chicalito de Tuxtepec, chichón, chips y palma chapay (Ricardo Muñoz Zurita, 2012, p. 139).

3.5.18 Chaya

Es originaria de la península de Yucatán; fue utilizada y domesticada por los mayas. Es muy común que las personas le guarden respeto, lo que provoca que muchas personas antes de cortar sus hojas o sus flores le hablen y pidan permiso, ya que se cree que si no se realiza este rito, la chaya libera unas pequeñas espinas que provocan urticaria a quienes las cortan sin permiso. Es muy importante el empleo de esta hoja en las cocinas del suroeste del país y se consumen sus flores con huevo, capeadas, en sopas y en guisos.

Esta planta contiene una gran cantidad de vitaminas, sales minerales, oligoelementos y enzimas que son benéficas para el cuerpo humano, es recomendada en el caso de distintas dolencias en el cuerpo sin producir efectos negativos. Es utilizada en la regulación de la presión arterial, desinflamación de las venas y hemorroides, ayuda a bajar de peso y mejora la retención de calcio en el organismo. Es muy consumida como planta medicinal y la dosis que se recomienda es de dos a seis hojas por día (Diario de Yucatán, 2014).

3.5.18.1 *Cnidoscolus aconitifolius*

Con hojas verde oscuro que miden desde diez hasta veinte centímetros y tiene de tres a siete lóbulos. Es muy utilizada en la gastronomía yucateca, tabasqueña y en algunas partes de Chiapas; es muy común encontrarla dentro de las huertas familiares.

También es conocida como: chay o chaya mansa.

3.5.18.2 *Cnidoscolus chayamansa*

En el estado de Yucatán constituye un elemento muy común en patios y jardines, como planta de ornato, es conocida y aprovechada desde tiempos ancestrales de la cultura maya por sus propiedades alimenticias, medicinales y culinarias. Conocida comúnmente como "árbol espinaca" por sus hojas comestibles; arbusto de hasta 5 metros de altura, de tupido follaje color verde oscuro, con hojas de largos pecíolos, de tres o cinco lóbulos, flores pequeñas, de color blanco (J.R.Telma, 2012).

Se ha comprobado científicamente el valor nutritivo, cuenta con: proteínas, vitaminas A y C, niacina, riboflavina y tiamina, minerales como calcio, hierro y fósforo, por lo que constituye una planta de gran importancia para la alimentación humana en los lugares donde crece ya que representa una alternativa económica y nutritiva a otros vegetales de hoja (Kuti, J.O. and E.S. Torres, 1996, p. 516-520). En Yucatán la chaya se emplea en muchos platillos tradicionales como tamales, guisos y bebidas.

3.5.19 Chivitos (*Calandrinia micrantha*)

Es una planta nativa de México perteneciente a la familia de las Portulacáceas, crece comúnmente a las orillas de los campos de cultivo y los caminos, mide diez centímetros de altura. Es muy común su consumo en zonas rurales del país especialmente en la zona centro, se puede encontrar a la venta en manojos en los mercados en los meses de mayo, junio, julio, agosto y septiembre. Se consume toda la planta a excepción de la raíz, al igual que los quelites se le consume cruda o cocida, sus flores se producen en forma solitaria y son de color morado o blanco. Esta flor e acostumbra comer con otras verduras en ensaladas.

También se conoce como: chivatitos, chivatos, lengua de pájaro (Ricardo Muñoz Zurita, 2012, p. 182).

3.5.20 *Cocohuite* o Flor de San José

Es una flor perteneciente a la familia de las leguminosas. Su forma recuerda a las mariposas, mide entre dos y tres centímetros, se le puede encontrar blanca, rosada o lila con una mancha amarillenta. El árbol que las produce puede llegar a medir hasta quince metros, se produce en racimos. En el estado de Chiapas se utilizan en el *putznic* y como relleno en tamales, en Oaxaca se utiliza para dar aroma y dulzura al chocolate, en Veracruz se consumen fritas con manteca, cocidas, revueltas con huevo y en el dulce del gallito.

Al árbol también se le conoce con los nombres de *cocoite*, *cocomuite* o *chanté* en Chiapas; frijolillo, *cocuitle*, *miutes* o *muiti*, *jelelte* o palo de corral en Veracruz. *Gagallito* en el estado de Oaxaca; *cocuite* en Quintana Roo, cacahuananche, cacahuinanche o cacahuanano, cacao, *nantli* (madre del cacao) ya que este árbol es el encargado de dar sombra a esta planta, matarratón o matarrata ya que las hojas, corteza y semillas de este árbol son venenosas para los roedores (Ricardo Muñoz Zurita, 2012, p. 263).

3.5.21 Colorín (*Erythrinaamericana*)

Es un árbol perteneciente a la familia de las leguminosas, tiene espinas, hojas trifoliadas y anchas, con flores rojas y vistosas en grupos. Es muy común el consumo de sus flores y en algunas regiones sus hojas cuando se encuentran tiernas.Este árbol fue sagrado para la cultura maya y las culturas del centro del país, el nombre de colorín y machete se deben a su color y la forma que tienen sus brotes florales. Esta flor se le puede encontrar por montoncitos en todos los mercados populares, a pesar de que son considerados como una comida rural.

Las diferentes partes de este árbol se utilizan para curar diferentes malestares por ejemplo: el dolor de muelas, antipirético, anti varicoso, hipnótico, sedante, relajante muscular, infertilidad entre otros malestares (Yerberito 2009). Entre las especies más consumidas en todo el país podemos encontrar *Erythrina caribaea*, se consume comúnmente en la sierra norte de Puebla, sus hojas tiernas se cuecen con sal caliza y se agregan a un guiso de frijoles con chile. *Erythrina americana*, es la especie más consumida en todo el país. *Erythrina herbácea y Erythrina leptorhiza*, son las más consumidas en el estado de San Luis Potosí.

En el estado de Veracruz se elabora un platillo llamado *pichocos* con huevo, que es la preparación del colorín con jitomate, cebolla y ajo revueltos con huevo; también se preparan con ellos frijoles y posteriormente se forman tortitas. Dentro de la Mixteca Poblana se preparan en pipián. Dentro de la región nahua se consumen cocidas con huevo hervidas o fritas, revueltas con huevo, mezcladas con salsa de ajo, chile y epazote, también se sirven para acompañar a los frijoles y en ocasiones se saborean con rajas, chile verde y cilantro. También se conoce como: chunpancle, flor de pita, flor de pitillo, flor de xompantli, gasparo o gasparito, machete, patol, pemuche o pemuchi, pichocho, o pichoco, pito, pitillo y zompantle (Ricardo Muñoz Zurita, 2012, p. 202).

3.5.22 Copal

Es un árbol de diez a doce metros de altura, con tronco recto, color pardo grisáceo, las hojas se encuentran divididas en varias hojas pequeñas, las flores son amarillentas y con un fuerte aroma a miel sus frutos son rojos y tienen hasta cuatro semillas. Es utilizado tradicionalmente contra la tos ferina y afecciones del riñón. Se preparan ungüentos contra la picadura de una mosca y como cicatrizante. También se usa la infusión de las hojas como agua de tiempo, contra el sarampión. También es conocido como: Copalillo, *puam*. Puebla: *pum* (totonaco), *copalhuijiac*; San Luis Potosí: *jom te'* (tenek) (Biblioteca Digital de la Medicina Tradicional Mexicana, 2009).

3.5.23 Cuachepil

Es un árbol de cuatro a quince metros de altura, con el tronco grueso, las hojas están divididas entre nueve y quince hojuelas más pequeñas. Sus flores son amarillas y los frutos son unas vainas pequeñas. Es una planta de originaria de México (Ricardo Muñoz Zurita, 2012, p. 214). Su flor se consume hervida y frita, tradicionalmente con frijoles y cebollas, en Sola de Vega se le comen cocidas y guisadas con huevo en una salsa de chile Tuxtla, jitomate y cebolla.

También es conocida como: Quebracha, quebracho, quebrachi del grande. Oaxaca: palo decuachipil, *tzon se jan*; Puebla: *matamkasiyat*, *matanka* (totonaco); Veracruz: *matancasiyat*; San Luis Potosí: *chicha'*, *k'anawte'* (tenek).

3.5.24 Dalia (*Dahlia*)

Flor nacional de México: Género formado por treinta y cinco especies, todas nativas de México, gracias a su valor estético, ornamental y económico, en 1963 fue propuesta como flor nacional por instituciones de enseñanza, oficiales y particulares, como la Sociedad Botánica de México (Secretaría de Agricultura y Ganadería, 1963).

Se han encontrado muestras del cultivo de esta flor que datan de la época del Imperio Azteca, los arqueólogos encontraron varios petroglifos de la zona de Xochimilco (actualmente ubicados en el Museo Arqueológico de Xochimilco) y el códice De la Cruz-Badiano, en el que se describe una planta denominada *cohuanenepilli*, esta forma parte de un remedio medicinal para destapar el conducto de la orina. Aun cuando la ilustración es muy estilizada, se logra apreciar una flor sencilla que nos recuerda a la dalia silvestre (*Dahlia coccinea*), por su característica flor y los tres foliolos de sus hojas. Actualmente su cultivo se ha extendido por casi todos los países del mundo, la mayoría de las dalias son plantas herbáceas (arbustivas), a veces epífitas (trepadoras).

Las herbáceas son perennes y aunque su follaje desaparece en el invierno sus raíces tuberosas quedan enterradas, de donde brotarán nuevas plantas en la siguiente estación de lluvias. Las arbustivas también son perennes y por lo general tienen raíces tuberosas muy desarrolladas. Sus tallos son huecos o compactos; sus hojas pueden ser simples o tripinnado-compuestas. Las inflorescencias están formadas de varias flores que en conjunto se denominan cabezuelas; las flores liguladas (en forma de lengua) que se ubican al exterior tienen la apariencia de un pétalo y presentan multitud de colores: blancos, morados, amarillos o rojos; por su parte, las flores tubulares, que semejan un disco, son de color amarillo o morado. Ambas están dispuestas sobre una base común llamada *receptáculo*. "Las dalias son sin duda flores preciosas que han fungido como embajadoras de México en todos los continentes del mundo. Atesorémoslas y conozcámoslas para poderlas apreciar." (Bye, R., y E. Linares. 2008). Sin duda este emblema nacional ha logrado traspasar las fronteras del país para conquistar al resto del mundo con su hermosura, sabor, propiedades curativas y delicadeza.

3.5.24.1 *Dahlia coccinea Cav.*

Puede llegar a medir uno y medio metros de altura o más, sus ramas son purpúreas, aristadas, glabras o escasamente pilosas, con hojas opuestas y compuestas de varias hojuelas, partidas en cinco lóbulos ovado-lanceoladas, las flores del disco son amarillas y florece de junio a noviembre. En el estado de Michoacán preparan un té con la raíz que se toma cuando hay tos. En Oaxaca para curar los fuegos en la boca se aplica en forma local la savia o las hojas frescas. También es conocida como: caharauesca; *xicamoxochitl*; Oaxaca: *yarg yurshe* (zapoteco) (Biblioteca Digital de la Medicina Tradicional Mexicana, 2009).

Desde el siglo XVI se ha registrado su uso en forma tradicional para aliviar la tos seca; esto puede deberse a dos de sus componentes: el ácido benzoico se ha probado su actividad bacteriostática, fungosidad y expectorante, entre otras, y el eriodictiol utilizado como expectorante, en el tratamiento del asma. En 1963 fue publicado en el Diario Oficial de la

Federación el Decreto Presidencial, emitido por el Presidente Adolfo López Mateos, se declaró símbolo de la floricultura nacional mexicana a la Flor de la Dalia en todas sus especies y variedades.

Los científicos de la de la Universidad Autónoma Chapingo, en México descubrieron que las dalias silvestres conocidas comúnmente con el nombre de *acocoxochitl*, posee en sus tubérculos inulinaun polisacárido formado por moléculas de fructosa que ayuda a equilibrar los niveles de insulina en la sangre y a controlar la diabetes. Sus flores contienen fuertes cantidades de antioxidantes, la raíz también es comestible y un alimento funcional; tiene una concentración de carbohidratos superior al setenta por ciento, un aporte de proteínas al doce por ciento, y fibra cruda en un diecisiete por ciento (Merlo Violeta, 2014).

La flor y raíz de esta planta se pueden consumir en una gran variedad de platillos, la preparación de la flor puede ir desde comerse frita con manteca, en ensaladas, en tortitas con huevo también se pueden acompañar por su raíz, la cual se cuece en agua sin ningún otro condimento. El agua se puede utilizar como té y luego de retirar la cáscara dela raíz, esta se pica para combinarla y preparar diferentes platillos.

3.5.25 Encino

Es un árbol que llega a medir hasta treinta metros de altura, su copa es amplia y redondeada, su tiempo de vida va de los cien a ciento cincuenta años. Es común encontrar en la gastronomía el uso de estas plantas como alimento o condimento, especialmente entre los grupos indígenas. Las hojas del encino se consumen como lo quelites hervidos para envolver tamales (*Quercus candicans*). Se consumen sus agallas o las pequeñas deformaciones que se produces en los arboles *Quercus laurina* y *Quercus obtusata*. En el Estado de México los otomíes cuecen las flores de *Quercus crassipes* para prepararlas capeadas, también consumen sus frutas o bellotas al natural o tostadas con sal como botana y molidas para agregarla a las tortillas, café, atole y chocolate, comúnmente entre los tepehuanos y rarámuris (Ricardo Muñoz Zurita, 2012, p. 247).

Este árbol es utilizado en la medicina tradicional para amacizar la dentadura, evitar el sangrado de las encías y apretar dientes flojos. Para lo que se recomienda masticar la corteza o dejarla remojar en agua o preparar con ella una infusión; a veces la infusión se elabora junto con el hueso de zapote o el de aguacate, para realizar enjuagues bucales dos o tres veces al día. También se recomienda tomar la infusión en pequeñas dosis para el buen funcionamiento del riñón o beberla antes de dormir contra la tos (Biblioteca Digital de la Medicina Tradicional Mexicana, 2009).

3.5.26 Encino Napaco

Pertenece a la familia de las fagáceas, sus flores son hervidas varias veces para eliminar su sabor amargo, después se mezclan con nixtamal para elaborar tortillas. Son muy utilizadas por los tarahumaras. En Sonora se conoce como encino azul o encino blanco y en Chihuahua como mapaco (Ricardo Muñoz Zurita, 2012, p. 264).

3.5.27 Epazote (*Chenopodium ambrosioides*)

Herbácea que mide hasta un metro de altura, posee tallos ramificados y hojas alargadas con bordes curveados e irregulares; sus flores nacen en racimos y originan pequeñas semillas negras. Es muy utilizado en la medicina tradicional en casi todo México para aliviar diferentes malestares, por ejemplo: dolores estomacales, cólicos y parásitos intestinales. Se dice que es eficaz contra la picadura de insectos ponzoñosos y las verrugas, mediante el machacado o el emplasto con tabaco.

Las hojas y flores son comúnmente utilizadas en la gastronomía mexicana como condimento en una gran variedad de platillos, ya sea en forma fresca o deshidratada y molida para decorar y dar cuerpo a diferentes platillos, por ejemplo: chilaquiles, mole de pollo, caldo de pescado estilo veracruzano, las quesadillas, entre muchas otras.

3.5.28 Estafiate

Hierba de hasta un metro de altura, con ramas grisáceas o blanquecinas y sus hojas divididas en tres; con forma de listones alargados, son peludas, blanquecinas y verdes en el anverso. Las flores son amarillas acomodadas en cabezuelas numerosas, al estrujarse despiden un olor característico.

El *Iztauhyatl* (náhuatl) significa "agua de la deidad de la sal", se relaciona con las fiestas religiosas realizadas en honor a los dioses del agua, en el mes *etzalqmalistli* y en honor de la diosa de la sal en el mes *tecuilhuitontli*. En los rituales a estos dioses, las danzantes ancianas y las mozas llevaban en la cabeza guirnaldas de *iztauhyatl* y esta misma yerba era portada en la mano los espectadores.

Actualmente se le da a esta planta múltiples usos medicinales por ejemplo: el dolor de estómago, cólicos estomacales o intestinales, dolor e inflamación en la boca del estómago, etc. Generalmente se utilizan las ramas en infusiones, que se toman cuando hay presencia de dolor. Algunas veces se acompaña de otras plantas como la ruda, epazote de zorrillo, manzanilla y hierbabuena. También se recurre a esta como aperitivo, para aliviar el vómito, infecciones del estómago o intestinales y disentería, anginas, bronquitis, catarros, resfríos, tos, tos ferina y otros. El estafiate se utiliza en gárgaras, frotada, inhalada o por vía oral, ya sea en infusiones o en otras preparaciones.

También es conocida como: ajenjo, ajenjo del país, *altamiza*, *altaniza*, artemisia, *azumate* de Puebla, cola de zorrillo, *ensencio* de mata verde, epazote de castilla, *estomiate*, hierba maestra, hierba "maistra" (sic) incienso, incienso verde, *istafiate*. En el estado de México: *ambfe* (otomí), *istafiatl*; Hidalgo, *iztauhyaitl* (planta que produce agua blanquecina) (náhuatl); Michoacán: *iztauhyatl*; Puebla: *guietee*, *iztauhyatl*; Quintana Roo: *haway*, *kawaysi' isim ts'tsim*, osomiate; Veracruz: *xun*; San Luís Potosí: *tsakam ten huitz*, *ten ts'ojol* (tenek); Chihuahua: *ros'sabl'i* (rarámuri); Puebla: *kamaistra* (popoloca) (Biblioteca Digital de la Medicina Tradicional Mexicana, 2009).

3.5.29 Flor de Cacao (*Theobroma cacao*)

Flor que produce el árbol del cacao, sus flores medio centímetro a un centímetro de largo, tienen la forma de estrella y se les puede encontrar en los colores rosa, púrpura y blanca; se encuentran en racimos a lo largo de tronco de las ramas pequeñas. Se les encuentra en forma abundante en los estados de Puebla, Oaxaca, Chiapas y Veracruz. Las flores son utilizadas en la elaboración de diferentes bebidas, el *pozonque* en Guerrero y Oaxaca, el téjatc y el *bu'pu* en el Istmo de Tehuantepec, Oaxaca; se utilizan para confeccionar el popo en Papaloapan y Minatitlán, Veracruz y el pozol en Tabasco. Es común encontrar la venta de estas flores en la región de los Valles Centrales de Oaxaca. También es conocida como: *cacalosúchil*, *cacalosúchitl* o *cacaloxochitl*, florecita de cacao. Jacalosúchil y Rosita de Cacao (Ricardo Muñoz Zurita, 2012, p. 263).

3.5.30 Flor de oreja (*Cymbopetalum penduliflorum*)

Forma parte de las Anonas y guanábanas (Familia *Annonaceae*), es una flor de color verdoso con el interior purpura y formada por un grupo de seis pétalos. La planta que la produce florece en los meses de agosto y septiembre, en esta época se recolectan sus flores y se dejan secar para concentrar su aroma. En el estado de Chiapas las flores y el cacao se muelen juntos para el aroma y el sabor del chocolate. También es conocida en náhuatl como *xochinacaztl* (*xochitl*, flor y *nacaztli*, oreja) (Ricardo Muñoz Zurita, 2012, p. 266).

3.5.31 Flor de orejona

Perteneciente al género *Cereus*, la flor pertenece a la familia de las cactáceas. Flor de quince centímetros de largo y de color amarillo, es común encontrar esta flor preparada en sopa, para lo cual la preparan con cebolla, ajo, agua epazote, sal y se le retiran los pistilos.

3.5.32 Fresno (*Fraxinus papillosa*)

Miembro de la familia de las oleáceas, la flor del fresno se hierva para después incorporarse en la masa del nixtamal; se acostumbra comer estas tortillas con queso y frijoles, también es común encontrarlas molidas y revueltas en el esquíate. Es conocida por los tarahumaras como *elé* (Ricardo Muñoz Zurita, 2012, p. 264).

3.5.33 Frijol (*Phaseolus vulgaris*)

La flor pertenece a la familia de las leguminosas, se hierve y después se prepara frita con manteca, revuelta con huevo, frita con frijoles y a veces las tortitas son rellenas con queso. El grupo mazateco en Oaxaca la consume en el *Texmole*; en Zongolica, Veracruz se prepara un guiso con flores de frijol y carnes de res. También es conocida como: flor de ayocote o flor de bótil en Chiapas (Ricardo Muñoz Zurita, 2012, p. 264).

3.5.34 Garambullo

Perteneciente a la familia de las cactáceas, es espinosa, se asemeja su forma a un candelabro y sus ramas son encorvadas; sus flores miden dos centímetros, color blanco ligeramente verdoso, con forma de estrella y son muy aromáticas. Se les conoce comúnmente como claveles de garambullo, se utiliza para preparar helados, refrescos, mermeladas y deshidrataciones. Sus flores se pueden consumir como verdura, fritas, capeadas con huevo, en tamales, en mole, tostadas, tortitas o cristalizadas (Ricardo Muñoz Zurita, 2012, p. 279).

Tradicionalmente se utiliza para tratar el dolor del hígado y el dolor de pulmón, para ello se elabora una infusión con las hojas del garambullo. En caso de reuma, se dan baños con la infusión de la planta, o bien, se hacen frotaciones con alcohol y la hierba picada sobre la zona dolorida (Biblioteca Digital de la Medicina Tradicional Mexicana, 2009).

3.5.35 Girasol (*helianthus annuus*)

Pertenece a la familia de las asteráceas, es una hierba robusta, que llaga a medir hasta más de un metro de altura, las flores tienen forma de margarita y pueden llegar a medir hasta treinta centímetros de diámetro. Las flores exteriores son color amarillo y las flores interiores son color café; produce unas semillas oleaginosas de forma aplanada, color negro lustroso, grisáceo y blanco amarillento con rayas blancas longitudinales. Sus hojas y su tallo son muy ásperos al tacto (Heike Vibrans, 2009). El origen de su nombre se debe a que esta planta sigue la luz del sol, durante la época prehispánica fue cultivada por sus semillas; de las cuales aún se siguen consumiendo tostadas y saladas como botana, atole de semillas de girasol y el aceite extraído de las semillas.

También se le conoce como: *chimalacate*, *chimalacatl*, *chimalatl* o *chimalte* (náhuatl), flor de sol, gigantón, lampote, maíz de teja, *xaricámata* (purépecha) (Ricardo Muñoz Zurita, 2012, p. 281). Las flores del girasol son utilizadas para brindar un toque decorativo y único a los platillos, también son empleadas como deshidratados; es recomendado el girasol como remedio medicinal.

3.5.36 Guaya De Cerro

Son algunas palmeras pequeñas cuya inflorescencia se encuentra envuelta en forma de uso, el fruto que se encuentra en el interior de este es similar a un esparrago. Las variedades que se consumen son *Chamaedorea pinnatifrons*, *Chamaedorea cataractarum* y *Chamaedorea alternans.* Se le puede encontrar en los estados de Tamaulipas, Veracruz y Chiapas. En los estados de Chiapas y Tabascos se consume esta flor en forma común.

3.5.37 Guayaba

Flores solitarias de hasta ocho centímetros, axilares; flores dulcemente perfumadas, actino mórficas; color verde en el exterior y blanco en su interior; presenta de cuatro a cinco pétalos. Florece en los meses de marzo, abril, mayo, junio, julio, agosto y septiembre. En el estado de Guerrero es típico un postre con flores de izote y guayaba llamado *guayaizote* (Ricardo Muñoz Zurita, 2012, p. 290).

Se considera su uso medicinal tradicional en las hojas, flores, corteza, fruto y raíz. Es utilizada en malestares gastrointestinales como diarrea, escalofríos y dolor de estómago. También se recomienda contra la caries, hinchazón, bilis, escarlatina, hemorragia vaginal, heridas, fiebre y deshidratación. Las hojas del guayabo junto con las hojas de *Loranthus beengwess*, citrus limón y *jatropha* curcas han sido utilizadas en el tratamiento de diabetes mellitus como un efectivo hipo glucémico. Toda la planta tiene las siguientes propiedades: febrífuga, anti secretoria, antimicrobial, bactericida, cicatrizante, emenagoga, hipo glicémica, laxativa, nutritiva, espasmolítico (Species Plantarum 1: 470. 1753).

3.5.38 *Guie'Xuba*

El árbol que produce esta flor puede llegar a medir hasta veinticinco metros de altura, su flor blanca pertenece a la familia de las boragináceas, monopétala, mide de cuatro a cinco centímetros de diámetro con cinco lóbulos. Se le encuentra en Tehuantepec, Oaxaca; Michoacán, Chiapas y Tabasco. También se le conoce como: flor guía *xoba*, flor guie xoba, *guié xuba* (zapoteco) e*istalsuchitl* (náhuatl).

3.5.39 Hierba de Conejo

Esta planta pertenece a la familia de las asteráceas, tiene hojas alargadas y ovaladas; de color verde claro y pueden llegar a medir de tres a cuatro centímetros de largo. Existen dos variedades una de flor amarilla y otra de flor blanca, en el estado de Oaxaca es utilizada para condimentar el arroz, los frijoles negros y muchos otros guisos. Esta hierba posee un sabor ligeramente acido pero agradable al paladar. Esta se utiliza en la medicina tradicional como remedio diurético, laxante suave y en forma de ungüento como antiinflamatorio (Ramírez Fabiola, 2016).

También es conocida como: guiñadú (Ricardo Muñoz Zurita, 2012, p. 299).

3.5.40 *Huahuzontle*

Es una planta de hojas alternas, con flores de color verde que son comestibles y muy pequeñas. Juntas forman grandes ramilletes; se le puede encontrar en los meses de marzo, abril, mayo, junio, julio, agosto y septiembre. Esta planta pertenece a un grupo de plantas comestibles nativas de México. En la época del emperador Moctezuma II, era el cuarto cultivo en importancia, después del maíz, el frijol y la chía. Algunos pueblos pagaban tributo al imperio azteca en forma de *huahuzontle.*

Se consumen en forma común las hojas, ramas, flores y semillas en diversos guisos, por ejemplo: en tortitas con huevo, rellenos de queso, en pipián, fritos con manteca, quesadillas y tamales rellenos de *huahuzontle* con queso.

3.5.41 Izote (*Yuca filifera*)

Es una flor de color verde que posee un aspecto cremoso, carnoso, brillante, frágil y vistoso. Es producida por una gran cantidad de plantas pertenecientes al género yuca. Se le encuentra agrupada en racimos grandes, de treinta centímetros, tupidos y en forma cónica. El consumo de esta flor data desde la época prehispánica, en muchas zonas rurales del centro del país es muy apreciada como alimento, los racimos se pueden llegar a encontrar a la venta en los mercados (Ricardo Muñoz Zurita, 2012, p. 264). Las flores tiernas se preparan fritas con manteca y sal, capeadas, con caldillo de jitomate, revueltas en salsa de chile verde, fritas con chorizo, dulces con flor de palma o *guayaizote*, sopa de flor de izote, entre muchos otros guisos.

En el estado de Guerrero es típico un postre con flores de izote y guayaba llamado guayaizote. En la región de "Los Tuxtlas" Veracruz se le conoce como chochos, se acostumbra consumir en la cuaresma; aquí se acostumbra asar el ramo entero al carbón hasta que su tronco expulse una espuma natural, después son preparados con frijoles o en *tomachile*. Los totonacas las conocen como flor de pito, las recolectan ya maduras y consumen solamente los pétalos, se acostumbra consumirlas en moles, con camarones o en empipianado de flor de izote.

Se le puede encontrar en los estados de Aguascalientes, Coahuila de Zaragoza, Chihuahua, Distrito Federal, Durango, Guanajuato, Hidalgo, Jalisco, México, Michoacán de Ocampo, Nuevo León, Puebla, Querétaro de Arteaga, San Luis Potosí, Tamaulipas, Tlaxcala, Veracruz y Zacatecas.

También se le conoce como: palma, izote, chocho, flor de pito, palma china, palma de aparejo, palma de San Pedro, palma grande, palma loca, yuca, bútanos, chochas, dátiles, *akgalukut* (totonaco), cuaresmeña, guayas (CONABIO, 2009).

3.5.42 Jacobo (*Acanthocereus tetragonus*)

Cactus rampante. Los troncos mayores se redondean; de seis metros de altura; con espinas de color gris oscuro, una o más centrales y de seis a ocho de radiales. Sus flores son de color verde claro con lana de color marrón en el exterior y color púrpura crema por dentro, florece al final del verano y sus flores se abren durante las noches. Los brotes tiernos de la flor se comen crudos o cocidos como verdura. Es típico su consumo en varias regiones de México. Las frutas que produce esta variedad son dulces y también comestibles.

También se le conoce como: cardón, nopal de cruz, cruceta, jacube, jacubo o pitahaya anaranjada (Naturalista, 2016).

3.5.43 Junco (*Parkinsonia aculeata*)

Es un arbusto espinoso que pertenece a la familia de las leguminosas, llega a medir hasta diez metros de altura, sus flores se consumen crudas o cocidas; son típicas de San Luis Potosí y Guanajuato (Ricardo Muñoz Zurita, 2012, p. 345). En el estado de Sinaloa se usa para curar una gripa ligera con tos sencilla, en el estado de Baja California Sur para recomienda para tratar la cistitis, uretritis e infección renal; en el estado de Sonora se usan las hojas y ramas de *guacoporo* contra la fiebre, la epilepsia, el dolor de estómago y como abortivo (Biblioteca Digital de la Medicina Tradicional Mexicana, 2009).

3.5.44 Lechuguilla

Es una especie de planta suculenta anteriormente clasificada dentro de la familia *Agavaceae*, ahora subfamilia *Agavoideae*, dentro de las asparagáceas. Se encuentra en los desiertos de Chihuahua y Sonora, esta planta forma una roseta de hojas de 45 centímetros de altura y sesenta centímetros de ancho; sus hojas (pencas), son fuertes y rígidas, con puntas endurecidas y muy afiladas. Esta planta florece una vez en la vida antes de morir. Sus flores son de color amarillo con tinte rojizo y se encuentran en una inflorescencia que alcanza los cuatro metros de altura, estas flores se consumen tradicionalmente guisadas con ajo y cebolla (Naturalista, 2016).

3.5.45 Macús

Es una palma que crece en el estado de Chiapas, sus frutos son empleados en múltiples guisos en la región del Soconusco, sus semillas se comen frescas en forma de botana y sus flores amarillas se les acostumbran comer capeadas solas o acompañadas de caldillo de jitomate (Ricardo Muñoz Zurita, 2012, p. 361).

3.5.46 Maguey

La flor que es producida por el maguey tiene un color amarillo verdoso, pertenece a la familia de las *agaváceas*, mide hasta diez metros; la flor nace del tallo llamado quiote, cuando el maguey tiene entre seis y doce años. Se consume en los estados de México, Hidalgo, Nayarit, Morelos, Puebla y Tlaxcala, se le puede encontrar en los mercados ya sea en montoncito o en manojos. Se consumen cuando se encuentra su brote en botón, se recomienda desflemarlas hirviéndolas, escurriéndolas y desechando el agua ya que se deben de eliminar algunas sustancias irritantes que tiene la flor. Se recomienda retirar pistilos y estambres ya que estos aportan un sabor amargo.

Se les acostumbra comer fritas, en caldillo de jitomate, con huevo, en mixiote, tortitas capeadas, y salsa verde. Es común en remedios contra la diabetes, contra granos enterrados y dolores de pulmón, tos, dolor de espalda, caries, gastritis, bilis; además se dice que proporciona vitaminas (Biblioteca Digital de la Medicina Tradicional Mexicana, 2009).

3.5.47 Mala Mujer (*Cnidoscolus tehuacanensis*)

Planta que mide de cincuenta centímetros a dos metros de altura, posee tallos amarillentos, pelillos urticantes y flores blancas agrupadas. En el estado de Tamaulipas se guisan las flores con distintas salsas (Ricardo Muñoz Zurita, 2012, p. 364).

3.5.48 Manto

Es una planta herbácea, rastrera o trepadora, de veinte centímetros a dos metros de longitud, presenta flores solitarias o dispuestas en cimas de dos a cinco floras en las axilas de las hojas, pedúnculos de dos milímetros a dieciocho centímetros de longitud. Las flores monopétalas son moradas, blancas, rojas y azules (CONABIO, 2010). En el estado de Chiapas se cocina un caldo con estas flores en forma tradicional.

También se le conoce como: Manto de la virgen, campanilla, batatilla, bejuco, bejuquillo, quiebra plato y gloria de la mañana. Martínez (1979) menciona además los siguientes nombres: aurora, corregüela, correhuela. En el Bajío se usa catape, correyuela, enredijo, manto de la virgen, quiebra platos y yedra (Carranza, 2007), mecapatli, metlancasis (Oaxaca), Xhail (Yucatán).

3.5.49 Mayo (*Plumeria rubra*)

Este género consta de ocho especies de árboles y arbustos, conocidos por sus flores intensamente fragantes. Los árboles pueden alcanzar nueve metros de altura, las ramas contienen una savia lechosa venenosa. Plumería rubra es un arbusto grande de hoja caduca, con su ancha copa redondeada, puede alcanzar una altura de ocho metros. Se distingue por sus flores rosa claro o carmesíes (Naturalista, 2016).

Las flores despiden un perfume muy intenso y con éste se elaboran inciensos aromatizantes, también se utiliza como base para elaborar chiles. En Estados Unidos elaboran con la planta una variedad de productos para el cuerpo (*body shop*): jabones (en gel o en barra), lociones y colonias, burbujas para el baño y aceites para masaje. Las flores se comen cocidas con azúcar. Toda la planta es utilizada en la medicina tradicional, ya que la planta contiene alcaloides que actúan como estimulantes cardíacos, la infusión de la corteza se emplea para curar contusiones internas, el jugo se usa para curar heridas (CONABIO, 2009).

3.5.50 Mazorquita (*Phytolacca icosandra*)

Es una hierba de un metro de altura, tallo recto, verdoso o algo rojizo, las hojas son más largas que anchas, de color verde claro a oscuro en el anverso y verde claro en el reverso; tienen los bordes casi siempre rojizos. Las flores las encontramos en espigas y son blancas, los frutos son casi globosos y negros.

Es común que esta hierba sea recomendada para evitar su caída, contra la tiña y la caspa, para evitar la caspa. El jugo del fruto se aplica de manera local como anti dérmico y contra los hongos de la piel. La infusión de las hojas y flores es útil contra el sarampión, se ingiere y acompaña de un baño con la decocción de las flores. Las hojas hervidas o semi-asadas, se aplican de forma local cuando hay dolor de espalda, estómago o dolor de cabeza; se ponen compresas con su cocimiento para sanar los golpes (Biblioteca Digital de la Medicina Tradicional Mexicana, 2009).

3.5.51 Mezquite

Árbol o arbusto pequeño, mide hasta doce metros de altura, las ramas tienen espinas de uno a cuatro centímetros de largo. Las hojas están divididas y tienen la apariencia de plumas. Sus flores son de color verde amarillento, son aromáticas y están agrupadas en espigas alargadas. Las flores se consumen fritas con manteca, revueltas con huevo, en tortitas rellenas, hervidas, en algunos guisados como verdura y en taquitos con salsa. El mezquite se usa comúnmente para curar las enfermedades de los ojos, para sanar la hinchazón, en caso de infección bucal y mal de orín (Biblioteca Digital de la Medicina Tradicional Mexicana, 2009).

También se le conoce como: algarrobo, huizache mexicano, pechita; estado de México: *tziritsequa*; Nayarit: *met chi* (cora); Oaxaca: *huamelula coyul*, *mangan patier*, *patier de burra*, *patier lam* (huave).

3.5.52 Mococque (*Tabebuia rosea*)

Árbol caducifolio de quince a veinte cinco metros de altura, tiene una copa estratificada, sus flores son color lila a rosado pálido o púrpura rojizo. Su follaje es caducifolio, los árboles tiran las hojas de marzo a junio; florece en los meses de febrero, marzo, abril y mayo (CONABIO, 2009).

Las flores de este árbol se consumen, fritas, con huevo, guisadas con chorizo, camarones, en guisados, o acompañadas de salsas y tacos.

3.5.53 Nardo (El género *Polianthes* está compuesto por trece especies endémicas, generalmente de México).

El nardo es una planta bulbosa, herbácea y perenne, que puede llegar a medir más de un metro de altura, produce flores reunidas en una inflorescencia con forma de espiga; esta puede medir de treinta a sesenta centímetros de longitud y está compuesta de ocho a veinte flores dispuestas en parejas. Las flores son hermafroditas, pequeñas, muy olorosas, de aspecto céreo y florecen desde la base hacia el extremo de la espiga. Presentan un perigonio infundibuliforme (forma de embudo) de seis tépalos, son de color blanco (Infoagro Systems, S.L, 2016).

El nardo almacena dentro de su raíz, hojas y flores un aceite que es considerado como medicinal en diferentes ámbitos, por ejemplo: flebotónico y descongestivo venoso, estimula la circulación sanguínea, regulador cardiovascular, estimulante ovárico, alivia y nutre los tejidos del organismo (AromasQueCuran, 2012).

3.5.54 Nopal (*Opuntia spp*)

Nace en la parte superior de los tallos del nopal, dependiendo la especie varía el color de las flores: amarillas, rosas, rojas, naranjas o verdes. El tamaño también varía y alcanzan hasta diez centímetros de diámetro cuando se encuentran abiertas, no tienen aroma. Se consumen normalmente en una sopa de flor de nopal, también se les utiliza como verdura, en compañía de los frijoles de olla y en diversos guisos (Ricardo Muñoz Zurita, 2012, p. 424).

3.5.55 Nurite (*Satureja macrostema*)

Arbusto que mide hasta tres metros de altura con ramas que tienen pelillos, las hojas son alargadas y puntiagudas, con bordes dentados. En el anverso es verde oscuro y el reverso es pálido. Las flores son de color rosado-amarillento y surgen en grupos de uno a tres.

Se utilizan sus flores para aromatizar los frijoles y para preparar varios tamales de frijol en el estado de Oaxaca (Ricardo Muñoz Zurita, 2012, p.427).

En la medicina tradicional se utiliza para aliviar el dolor de estómago, la indigestión, los cólicos y otros malestares digestivos. Se utiliza también para calmar los cólicos menstruales, resfriados, tos, como estimulante y contra el desmayo (Biblioteca Digital de la Medicina Tradicional Mexicana, 2009).

3.5.56 Ortiga

Es una hierba anual de hojas redondas o alargadas, cubiertas de pelos urticantes y con el borde aserrado; las flores son verdes, pequeñitas y agrupadas en espigas que salen de las axilas de las hojas. Los frutos parecen lentejas. Sus flores se consumen fritas en manteca, revueltas con huevo, en xonacate, con frijoles de olla y en la elaboración de algunas salsas. Es popularmente empleada para tratar reumas, en dolores musculares y para contrarrestar calambres. En otros padecimientos como la diabetes y el hígado, toda la planta se hierve y se bebe en forma de té (Biblioteca Digital de la Medicina Tradicional Mexicana, 2009).

También es conocida como: *chiquicastle*, cristalillo, ortiga ancha, ortiga de la buena.

3.5.57 Pacaya (Chamaedorea pinnatifrons)

Es una palma de dos a tres metros de altura, produce una flores ramificadas y carnosas, en el estado de Chiapas se consume en forma tradicional en un platillo llamado pacaya baldada elaborado con pacayas cocidas en agua con sal, se capean con huevo y se sirven acompañadas de caldillo de jitomate (Ricardo Muñoz Zurita, 2012, p. 437).

3.5.58 Palmilla

Tiene el aspecto de una palma con el tronco simple o ramificado, posee hojas largas, angostas, rígidas y de puntas agudas. Las flores que produce esta palma son blancas o cremas, llegan a medir entre dos y cuatro centímetros. Sus flores se consumen fritas, en salsa, revueltas con huevo, entre muchas otras preparaciones.

Entre las variedades más conocidas se encuentran: Yucca elata, Yucca thompsoniana y Yucca válida. También son conocidas como: cortadillo, dátil cimarrón, datilillo y palmito sollate (Ricardo Muñoz Zurita, 2012, p. 441).

3.5.59 Palo Blanco (*Ipomoea arborescens*)

Es un árbol pequeño, las hojas tienen forma ovada y miden de cinco a catorce centímetros, son velludas en el anverso y tienen escasos pelillos en el reverso. Las flores son blancas y tienen forma de campana. Las ramas están muy floreadas y son muy vistosas. Las flores se consumen especialmente por los tarahumaras, los niños suelen extraer con un popote la miel que expulsan estas flores en las mañanas, se consumen crudas, fritas o revueltas con la masa de las tortillas.

Tradicionalmente se utiliza esta plata para la curación de los piquetes de animales venenosos y en particular la mordedura de víbora de cascabel. También se utiliza para aliviar dolores e inflamación por golpes, reumas, inflamación, el dolor de estómago, la caída del cabello y la hidropesía (Biblioteca Digital de la Medicina Tradicional Mexicana, 2009). También se le conoce como: cazahuate, ozote, palo bobo, palo cabra, palo del muerto y palo santo amarillo.

3.5.60 Palo de Timbre (Acacia *angustissima*)

Es un arbusto de dos a cuatro metros de altura., sus hojas son como plumas, las flores son de color blanco-verdoso y aparecen esterillas en las puntas de las plantas; produce unos frutos alargados, planos y de color guinda-verdoso. Es medicinal y se usa contra la diarrea, la tifoidea, el bazo crecido, la inflamación de la garganta, heridas, dolor de cabeza y contra las nubes en los ojos. Como tintura es útil para curar piquetes de insectos y en té para curar picaduras de alacrán. La infusión de las flores se bebe contra la disentería, la dispepsia, las inflamaciones de la piel y las mucosas (Márquez et al., 1999).

3.5.61 Palo Fierro (*Olneya Tesota*)

Puede tener apariencia de arbusto con varios troncos ramificados desde el suelo o tener la apariencia de árbol con no más de dos ramas y alcanzar hasta quince metros de alto, tiene hojas alternas divididas de seis centímetros de largo, en la base de cada hoja tiene un par de pequeñas espinas curveadas. Sus flores son de color lavanda rosado de doce milímetros de longitud y crecen agrupadas en cortos ramilletes densos que se forman en las axilas de las hojas al final de las ramas, en forma arqueada. (CONABIO-CONANP. 2009) En el estado de Sonora los indígenas las tuestan y las muelen para preparar pinole, mientras que Baja California las remojan y muelen para mezclarlas con miel y elaborar un dulce.

También es conocido como: árbol de hierro, hésen o tesén, tésota o uña de gato.

3.5.62 Palo Santo

Es una planta con un tallo leñoso, mide hasta tres metros de altura y se consumen sus brotes en la mixteca poblana. La inflorescencia está compuesta por dos flores, estas tienen cinco pétalos blanco-amarillentos, de once a trece centímetros de largo y con diez estambres. En la zona de la mixteca poblana se consumen sus brotes.

También se le conoce como: quelite santo (Ricardo Muñoz Zurita, 2012, p. 440).

3.5.63 Pata de Gallo (*Tinantia erecta*)

Es una hierba ascendente con hojas a veces aparentemente pecioladas; sépalos con abundantes pelos glandulares; posee tres estambres cortos con pelillos hacia la base y anteras oblongas, y tres largos con pelillos hacia la parte media o superior y anteras globosas. El cáliz de tres sépalos elípticos, erectos, de hasta un centímetro de largo, cubiertos de abundantes pelos glandulares; la corola de tres pétalos de hasta uno y medio centímetros de largo: azules, rosado-púrpura o morados; presenta seis estambres desiguales y tres filamentos cortos (Heike Vibrans, 2009). Sus hojas y flores se consumen como quelites, fritas con manteca, también se preparan con la masa del maíz para elaborar tortillas y verdura en algunas sopas.

También es conocida como: Hierba de pollo, platanillo.

3.5.64 Patitas de Pájaro (*Calandrinia micrantha*)

Es una hierba de vida corta, algo carnosa, prostrada; mide de cinco a treinta centímetros de largo es muy ramificada desde la base y se extiende sobre el suelo Sus hojas son alternas, angostas, más anchas en su ápice, de hasta cinco centímetros de largo, produce flores solitarias en las axilas de las hojas.

Sus flores son dos sépalos, ovados, puntiagudos, con pelillos en el margen y sobre la vena principal; tienen de tres a cinco pétalos, de color rosa, más o menos del mismo tamaño que los sépalos; tienen de tres a seis estambres y su estilo dividido en tres ramas (Heike Vibrans, 2009). Esta planta se prepara con todo y sus flores en forma tradicional en el estado de Puebla en un caldo sencillo.

3.5.65 Pepino Kat (*Parmentiera aculeata*)

Es un árbol que mide de cuatro a nueve metros de altura, con un tronco grueso y leñoso; también presenta ramas numerosas. Las hojas se encuentran divididas en cinco hojuelas de color verde claro, el soporte que las une al tallo tiene alas y en la base de cada hoja se encuentran dos espinas. Las flores que produce este árbol pueden ser solitarias o encontrarse en grupos, son de color crema verdosa y crecen directamente del tronco o en las terminaciones de las ramas. Se pueden emplear en diferentes formas el fruto, raíz, corteza y las flores pueden prepararse infusiones para tomarse como agua de tiempo, únicamente asados; las flores se consumen al igual que las demás fritas, en diversos guisados y revueltas con huevo.

En la medicina tradicional se utiliza para el dolor de riñones, los cálculos en las vías urinarias, mal de orín, diurético, para aliviar la tos, asma, carrasperas, gripe, catarro, catarro con tos, dolor de cabeza y resfriados (Biblioteca Digital de la Medicina Tradicional Mexicana, 2009). Se le puede encontrar en los estados de: Baja california sur, Campeche, Coahuila de Zaragoza, Colima, Chiapas, Durango, Guerrero, Hidalgo, Jalisco, México, Michoacán de Ocampo, Morelos, Nayarit, Oaxaca, Puebla, Querétaro de Arteaga, Quintana roo, San Luis Potosí, Sinaloa, Tabasco, Tamaulipas, Veracruz de Ignacio de la llave, Yucatán y Zacatecas.

También es conocido como: Pepín, pepino, estropajo, crucetillo, turi, chote, *kat* (maya), cuajilote, *amché* (maya), *auue-quec* (*chontal*), *cal-o-ue-quec* (chontal), *chotecuáhuitl* (náhuatl), *cuajxilutl* (náhuatl), *cuauxílotl* (náhuatl), cuaxílot (náhuatl), *gueto-xiga* (zapoteco), *kaat* (maya), pepino de árbol, pepino de ardilla, *shat-kuuk* (maya), s*kat-kuuk* (maya), t*yacua-najnu* (mixteco), *tzoté* (huasteco),t*zutzu* (zoque), x-*kat-kuuk* (maya), g*uetoxiga* (zapoteco), a*uve-quec* (chontal), t*yacuanajun* (mixteco), *chic'b* (ch'ol), pepino kat, k*at kut* (maya) (CONABIO, 2009), *at ku'ut* (maya), c*hocol* (maya), k*at ku'uk* (maya) y a*in che'* (maya).

3.5.66 Piñanona (*Monstera deliciosa*)

Es una flor blanca que crece en el centro de una planta trepadora de la familia de las aráceas, presenta muchos hexágonos concatenados que recuerdan la forma de la piel de una piña y mide entre quince y veinte centímetros de largo. Cuando está madura es comestible se hierve y se come sola o se puede preparar revuelta con huevo, también se le puede exprimir en una manta de cielo para extraer su jugo. Su sabor es una mezcla entre piña, plátano y mango.

También se conoce como *cerimán* (Ricardo Muñoz Zurita, 2012, p. 482).

3.5.67 Piojo (*Galinsoja parviflora*)

Es una hierba anual, mediana, generalmente de treinta a cincuenta centímetros, con pequeñas cabezuelas de cinco milímetros de diámetro, con flores centrales amarillas y las de la periferia blanca, y casi siempre cinco, se trata de ejemplares anormales).Se le encuentra a esta hierba de marzo a septiembre, en floración de mayo a noviembre, fructifica de julio a diciembre. Es una hierba aromática utilizada en los valles centrales de Oaxaca, se utiliza para dar sabor y aromatizar; especialmente en la sopa de guías, también se le puede encontrar a esta flor también en el arroz.

También es conocida como: Estrellita, mercurio, *andán* chico, chía real, estrellita, jarilla, manzanilla, manzanilla silvestre, mercurial y quelitillo (Heike Vibrans, 2009).

3.5.68 Pitahaya o Pitaya (*Hylocereus spp*)

Es un cactus suculento, se le encuentra en forma silvestre en casi todas las selvas caducifolias y subcadocifolias. La flor es hermafrodita, mide de quince a treinta centímetros de largo, de color blanco o rosado; con segmentos exteriores blancos, erectos, anchos, enteros apiculados y filamentos delgados color crema. Esta flor abre una sola vez en la noche, y cuando abren se orientan buscando la luz de la luna o del sol en las primeras y las últimas horas del día; nace en las axilas de las espinas en las zonas más expuestas a los rayos del sol. Sus flores se pueden consumir fritas, asadas o revueltas con huevo.

Se le puede encontrar en los estados de Baja California, Chiapas, Campeche, Michoacán, Nayarit, Yucatán, Quintana Roo, Tabasco, Oaxaca, Veracruz, Puebla, Hidalgo y Jalisco (Ing. Lezama Escobedo Alejandro, 2016, p. 2-3).

3.5.69 Quelite de Invierno (*Jacobinia Candicans*)

En Chihuahua los Tarahumaras consumen la flor cuando está en botón o un poco abierta, se acostumbra a hervirla para comerla en tacos o con esquiate. Se le puede encontrar en los estados de: Baja California Sur, Chihuahua, Durango, Guanajuato, Guerrero, Jalisco, Michoacán de Ocampo, Morelos,

Nayarit, Oaxaca, Puebla, Querétaro de Arteaga, Sinaloa y Sonora (Bios, 2016, p. 1-2).

También se le conoce como: espuela de caballero.

3.5.70 Quiote (Del Náhuatl *quiotl*, tallo o brote, es el tallo comestible de la flor del maguey).

El tallo crece en el centro del maguey -*Agave Salmiana*, el cual es comestible, la flor es pequeña, es de un color precioso que hace contraste con el color del cielo; al florecer el Agave este comienza a morir. El tallo alcanza una altura aproximada de cinco metros, su sabor es delicioso, se puede cocinar de manera dulce o en sabores salados. El quiote produce una flor llamada *Gualumbo* o *Hualumbo* como le llaman en el Altiplano Potosino, y en el bajío le llaman Conchitos de Maguey, lo utilizan también dulce cuando la flor abre y salado cuando está cerrada la flor, quitando solo el pistilo para que no amargue, la forma de prepararlo es muy similar y el sabor es sorprendentemente delicioso (Sánchez Rita, 2016). Se le acostumbre consumir cocido o asado, igual que las flores del maguey; también se le prepara en golosina asándolo y cortándolo en rebanadas. Las flores del quiote también llamadas flores de jiote, pueden prepararse casi de cualquier manera que se desee: en dulce, con huevo, capeadas, fritas o guisadas (Ricardo Muñoz Zurita, 2012, p. 519).

3.5.71 Saguaro (*Carnegiea gigantea*)

Cactus columnar típico del Desierto de Sonora, se trata de un género mono típico y es una de las especies de mayor porte entre las cactáceas. El saguaro es de característico tallo columnar, comúnmente alcanza los doce metros de altura, su diámetro es de 65 centímetros, presenta ramificaciones que pueden encontrarse en un número superior a siete; y estas a su vez pueden a su vez presentar nuevas ramificaciones. Las areolas son de color pardo, y están separadas entre sí por dos centímetro, en la zona apical la distancia es menor y aparecen recubiertas por un fieltro color pardo. Las espinas radiales pueden ser doce o más, y las centrales entre tres y seis, de hasta siete centímetros de longitud. Son de color pardo y se van volviendo grises a medida que la planta envejece.

Las flores, de pétalos cortos, aparecen en la parte superior de los tallos, de color blanco y tienen doce centímetros de diámetro. El fruto es rojo y además comestible; madura en verano. La floración es de mayo a junio; las flores se abren durante la noche y permanecen abiertas parte del día siguiente (Naturalista, 2016). Esta flor se consume fresca, deshidratada, seca y de esta se extrae un producto azucarado muy nutritivo.

También se le conoce como: *mojepe*, *sahuaro*, *suguaro*, *suwarro* o *suwarrow* (Ricardo Muñoz Zurita, 2012, p. 533).

3.5.72 Saúco (*Sambucus Mexicana*)

Arbusto o arbolito de dos a seis metros de altura, con los tallos grises. Las hojas están divididas en cinco hojitas y tienen el borde con dientecillos. Las flores se encuentran agrupadas en la parte terminal de la planta, son pequeñas, de color blanco y son muy aromáticas. Sus frutos son pequeñas bayas negras (Ricardo Muñoz Zurita, 2012, p. 542). En la medicina tradicional es popular el uso del sauco para tratar la calentura, la tos, la bronquitis, dolor de pecho, dificultad para respirar, catarro, pulso caliente y rápido, se enflaca, hay vómito al comer, dolor de garganta, escalofrío, ronquera, asma, catarro o gripa y amigdalitis. Se recomienda en el tratamiento de trastornos digestivos como bilis, corajes, diarrea, disentería roja, dolor de estómago, del hígado y estreñimiento. En problemas de piel como caspa, erisipela, salpullido, caída del pelo, sarampión, sarna, sabañones, quemaduras, edemas. Recomendado como purgante, desinfectante y diurético y utilizado para combatir la caries, conjuntivitis e infección en ojos y oídos, contra los parásitos y la rabia. Para el corazón, dolores musculares, heridas, heridas pasmadas, llagas, quebraduras, reumas, calambres, expulsión de placenta, menorrea, hemorroides, purificación de la sangre, calor en la cara, enfriamiento, y alcoholismo.

Para el tratamiento de estos padecimientos, en general, la flor es la parte más utilizada en infusiones por vía oral, en baños, lavados, fomentos o frotación; aunque también se puede emplear el fruto o las hojas molidas o refregadas en agua, aplicadas localmente y algunas veces, el cocimiento de ramas o semillas, por vía oral (Biblioteca Digital Tradicional Mexicana, 2009). Las flores y los frutos son utilizados por los paipáis de Baja California para preparar diversas bebidas de consumo local.

3.5.73 Sina (*Rathbunia alamosensis*)

Es una especie botánica de plantas en la familia de las Cactáceas. Es endémica de Sinaloa y Sonora. Es arbustiva con frecuencia curva, columnar, con brotes azulados verdes de hasta ocho centímetros de diámetro y alcanza un tamaño de dos a cuatro metros de altura. Tiene entre cinco a ocho costillas actuales que son de hasta un centímetro de alto. Con una a cuatro, espinas centrales que sobresalen, fuertes, blanquecinas de hasta cuatro y medio centímetros de largo.

Las flores tubulares rojas se abren durante el día, miden de siete a diez centímetros de largo y alcanzan un diámetro de dos a tres centímetros. Los frutos son rojos, esféricos y maduros están en su mayoría desnudos. Tienen unas flores perennes que alcanzan un diámetro de tres a cuatro y medio centímetros (Naturalista, 2016). Lo acostumbran consumir los pueblos originarios de Sonora, Nayarit y Sinaloa

También es conocida como: nacido o tasajo (Ricardo Muñoz Zurita, 2012, p. 545).

3.5.74 Siparqui (*Eysenhardtia polystachya*)

Arbusto o árbol de dos hasta ocho de altura, tiene las hojas divididas con apariencia plumosa; sus flores son blancas, olorosas, agrupadas en racimos apretados y verticales. Los frutos son unas vainas café pálido, lisas y puntiagudas. En forma tradicional se consumen sus flores por medio de infusiones, en tacos, fritas o batidas con huevo.

En la medicina tradicional se usa en problemas renales incluyendo el mal de orín, los cálculos y como des inflamatorio. La flor se aprovecha para tratar la diarrea en niños; la infusión de la corteza la ingieren las mujeres como anticonceptivo (Biblioteca Digital de la Medicina Tradicional Mexicana, 2009).

3.5.75 Sotol

Especie de planta de la familia *Asparagaceae*, con el nombre genérico de *Dasylirion*. Tiene aspecto de palma y se encuentra principalmente en las zonas desérticas de México.

Son plantas perennes, los tallos son cortos o alargados, a menudo con tronco elevado o recostado. Las hojas son persistentes y numerosas, formando rosetas extendidas; en forma de cuchillas largas lineales, fibrosas, glabras, con las bases ampliadas, el solapamiento en forma de cuchara, con márgenes fuertes, con púas curvas y ápice fibroso.

Presenta inflorescencias paniculadas, con las panículas estrechas a lo largo y con los tallos leñosos; brácteas casi en forma de hojas, distal estamíneo, lanceoladas; fascículos de racimos densos en axilas de brácteas. Tiene flores pequeñas, funcionalmente unisexuales. Algunas plantas sólo tienen flores masculinas, otras sólo femeninas. Las brácteas florales son laciniadas, membranosas, con seis tépalos distintos, con blanco verde y púrpura, en forma ahuevada, con márgenes denticulados; seis estambres, rudimentarios en el pistilado de las flores.

Se conocen diecisiete especies, tres de las cuales son abundantes en la flora local, típica de terrenos áridos y montañosos de Arizona, Baja California, Chihuahua, Nevada, Nuevo México, Coahuila, Sonora y Texas (Ricardo Muñoz Zurita, 2012, p. 555).

El Daisy-lirión es una importante fuente de alimento en el desierto, para los indígenas. Los bulbos son asados en roca, rayados y hervidos en ollas, machacados y aglutinados en pasteles. Asimismo se usa para preparar una potente bebida alcohólica, ampliamente conocida como "sotol", la cual se destila a partir de la fermentación y horneado de los bulbos. El sotol es considerado la bebida alcohólica tradicional de Chihuahua. Sus flores se consumen en tortitas, tamales y diferentes guisos.

3.5.76 Suchipal o Suchipate (*Cosmos sulphureus*)

Cosmos sulphureus, cosmos, cosmos azufrado, cosmos amarillo, es una especie fanerogámica endémica de América Central. Considerada una flor anual, aunque puede reaparecer vía auto-siembra durante varios años. Hierba de vida corta, erecta, de hasta dos metros de altura, ramificada generalmente hacia la parte superior, con pelos erectos multicelulares. Las hojas puestas, de hasta veinte centímetros de largo, su contorno general es anchamente triangular, la flor es una cabezuela de unos seis y medio centímetros de ancho, aunque tiene el aspecto de una flor, es en realidad una inflorescencia formada por pequeñas flores sésiles dispuestas sobre un receptáculo plano, provisto de brácteas (páleas) angostas, con el ápice obtuso. Las flores del disco de veinte a cuarenta son hermafroditas, ubicadas en la parte central, la corola es un tubo que hacia el ápice se ensancha ("garganta") y se divide en cinco lóbulos, de color anaranjado-amarillento, con pelillos en la cara interna; los estambres alternos con los lóbulos de la corola, sus filamentos libres e insertos sobre el tubo de la corola, las anteras de color café oscuro, soldadas entre sí formando un tubo alrededor del estilo; el ovario ínfero.

El uso de la flor es bastante común sobre todo en la cuenca del Río Balsas en Guerrero, donde se preparan tamales *nejos* con flor de suchipal.

También se le conoce como: *Chochopali*, girasol amarillo, mirasol amarillo, San Miguel, *sochipal*, *suchipate*, cempual, sumpual.

3.5.77 Talayote (*Canavalia villosa*)

Planta trepadora, se enreda alrededor de algún soporte, tiene hojas sobre el tallo, en el punto donde nace cada hoja, se presenta un par de estructuras como hojitas diminutas y caedizas llamadas estípulas. Inflorescencia, flores dispuestas en racimos ubicados en las axilas de las hojas. Cada flor acompañada de una pequeña bráctea y dos bractéolas diminutas y caedizas.

La flor de cáliz acampanado con dos labios, el superior truncado y más largo que el inferior cuyo ápice se divide en tres dientes; la corola morada con tintes blanquecinos o rosados, de cinco pétalos desiguales, el más externo es el más ancho y vistoso, llamado estandarte, de hasta tres y medio centímetros de largo, en seguida se ubica un par de pétalos laterales similares entre sí, arqueados o algo torcidos, llamados alas y por último los dos más internos, también similares entre sí y generalmente fusionados y con la punta encorvada o algo enroscada, forman la quilla, que envuelve a los estambres y al ovario (Bios, 2016, CONABIO). Florece todo el año aun que esta flor se puede encontrar más en otoño e invierno. Los tarahumaras consumen esta flor asada (Ricardo Muñoz Zurita, 2012, p. 561).

También se le conoce como: frijolillo, gallinitas, patito, *gallojoyó* (en lengua zoque), *siquinsut* y *siquisut* (en lengua totonaca).

3.5.78 Tetecha (*Neobuxbaumia tetetzo*)

Es una especie fanerógama perteneciente a la familia de las *Cactaceae*. Tiene un crecimiento columnar con la mayoría de los tallos ramificados y alcanza un tamaño de hasta quince metros de altura y hasta setenta centímetros de diámetro. Los brotes son de color verde grisáceo con ocho a doce metros de largo y tiene un diámetro de dieciocho a treinta centímetros.

La flor en forma de campana o de embudo aparece cerca de las puntas de los brotes, son de color blanquecino y miden cinco a seis cm de largo. La flor se consume hervida.

También es conocido como: *Tetetz*, Tetecho, Cardón tetecho (Naturalista, 2016).

3.5.79 Toronjil (*Agastache Mexicana*)

El toronjil es una hierba de unos cuarenta a sesenta centímetros, sus tallos son cuadrados. Sus hojas tienen forma de lanza y en su parte inferior son más anchas que en la superior, los bordes de las hojas son dentados y con pelos por el envés. Tiene flores en racimos terminales, en número de cinco hasta veinte, con forma tubular, de color rojo vivo o rojo-morado y sus frutos son color café. Es una planta aromática.

En la medicina tradicional en el tratamiento de enfermedades de los nervios y el susto, que se adquieren cuando se reciben impresiones fuertes, la planta se prepara combinada con los toronjiles blanco y azul. La infusión del toronjil, se recomienda en diversos padecimientos principalmente en problemas gástricos como dolor de estómago, cólico de estómago, corajes, dolor intestinal, empacho y para la digestión. También se usa en alteraciones cardiovasculares como dolor de corazón y cuando se tapan las venas (Biblioteca Digital de la Medicina Tradicional Mexicana, 2009). También es conocido como: Toronjil blanco, toronjil de casa, toronjil de monte, toronjil morado, toronjil rojo; Puebla: *pinkil* (tepehua), *tama*, *toroji*, *toronji* (otomí).

3.5.80 Trompillo (*Solanum elaeagnifolium*)

Es una planta perenne de veinte a cincuenta centímetros de altura con los tallos superiores y los sépalos cubiertos de espinas cortas a menudo estrelladas. Las hojas y los tallos inferiores están recubiertos por una pelusa suave que le da un aspecto plateado o grisáceo a toda la planta. Las flores tienen cinco sépalos y cinco pétalos unidos formando una estrella, los cuales en general son de color azul lavanda pálido y, en algunos casos, blancos. Tienen cinco estambres amarillos más o menos reunidos en forma de cono. Produce bayas amarillas, anaranjadas o rojas brillantes que pasan a marrón cuando se secan, con semillas discoideas, aplanadas, parduzcas, de unos cuatro milímetros de diámetro. Se reportan varios usos medicinales. Contiene una sustancia que cuaja la leche, y se usaba para hacer queso (Heike Vibrans, 2009, Malezas de México).

3.5.81 Tuna (*Opuntia ficus-indica*)

Planta arbustiva de la familia de las cactáceas, carece de hojas nomofilas, los segmentos o cladodios en que se divide, son tallos capaces de ramificarse, emitiendo flores y frutos. Estos tallos son planos, ovales y de color verde medio. Las flores, en forma de corona, nacen de las areolas en los bordes de los segmentos. Florece una vez al año y tanto el fruto como la flor pueden ser de diversos colores, desde el amarillo al rojo. El fruto tiene una cáscara gruesa, espinosa, y con una pulpa abundante en pepas o semillas (Naturalista, 2016).

Sus flores al igual que es resto de la planta se pueden consumir fritas, azadas o revueltas con huevo, como verdura y en distintos guisados.

3.5.82 *Tzacutli* (*Laelia autumnalis*)

La especie *Laelia autumnalis* se compone de grandes colonias de seudo bulbos cortos, como husos, cilíndricos y surcados, de tres a seis centímetros de altura. Las inflorescencias salen de la punta del bulbo, y son de quince a sesenta centímetros de largo. Tiene flores con sépalos en forma de estrella, pétalos oblongo-lanceolados, orillas rosado claro; labelo trilobado, amarillento en el centro y un tallo floral portador de tres a seis flores (Naturalista, 2016). Esta es una planta epifita mediana, de cincuenta centímetros de alto, con seudo bulbos alargados, con arrugas longitudinales, dos o tres hojas carnosas, largas y arqueadas, con una inflorescencia larga, en ocasiones de más de un metro, que surge del centro del nuevo brote. Produce hasta una docena de flores color magenta con blanco muy atractivo (Remolina Rodrigo, 2015). Antiguamente se utilizaban los bulbos secos y molidos en la elaboración de algunos dulces como las pastillas de olor y los alfeñiques (Ricardo Muñoz Zurita, 2012, p. 620). Se le encuentra en los estados de Nayarit, Jalisco, Colima, Michoacán, Estado de México, Morelos, D. F. y Guerrero.

También se le conoce como: Flor de las ánimas, Flor de encino, Lirio de San Francisco.

3.5.83 *Xia-Xiu* (*Evolvulus alsinoides*)

Es una especie de planta perteneciente a la familia *Convolvulaceae*, son hierbas perennes; con tallos herbáceos, ascendentes. Con hojas oblongas, de un centímetro de largo y generalmente menos de un centímetro de ancho, agudas a obtusas en el ápice y en la base, pubescentes. Las flores solitarias o inflorescencias sinuosas, pedúnculos frecuentemente del mismo largo que las hojas; corola ampliamente acampanada, tres a siete milímetros de ancho, generalmente azul pálida, a veces blanca (Naturalista, 2016). Se consume como cualquier quelite.

También se le conoce como: Ojitos azules, ojo de víbora, Oreja de ratón.

3.5.84 Zacate de Gujugue (*Cosmos parviflorus*)

Hierba de hojas divididas en finos segmentos, con flores de hasta dos centímetros y medio de diámetro, con el centro amarillo y las flores liguladas (que parecen pétalos) blancos o rosados; las brácteas externas del involucro más largas y angostas que las internas (Heike Vibrans, 2009).

Se consume entre los tarahumaras como quelite, cocida la flor con agua con sal, frita o revuelta con huevo.

Conclusiones del capítulo

Todas las flores que se describieron a lo largo de este capítulo han conservado su uso con el paso de los años, también han ido evolucionado en la forma en que se preparan gracias a la intervención de la creatividad y curiosidad por combinar sus sabores, de todas aquellas personas que las elaboran; como lo son las abuelas, madres e hijas que fueron combinando ingredientes para obtener de las flores una sabor único e inigualable. También nos muestra la gran importancia medicinal que tienen muchas de las flores en la cultura mexicana. Ya que no solamente tienen un uso gastronómico también se resalta el valor que se les da al emplearlas en remedios naturales medicinales; ya que desde la época prehispánica se han empleado, flores, hierbas y plantas para aliviar diversos malestares. Este conocimiento se ha continuado transmitiendo de generación en generación y actualmente su valor se ve reflejado en todos los estudios que llevan a cabo por las universidades y científicos interesados en descifrar sus propiedades únicas y curativas.

Se refleja el gran valor cultural que tienen muchas de estas flores y la importancia que han tenido desde la época prehispánica hasta nuestros días.

CAPITULO IV "RECETARIO"

A lo largo de este apartado vamos a conocer la elaboración de diversos platillos, así como la elección de los ingredientes y su debida preparación. Tomando como referencia las entrevistas realizadas en los estados de Puebla y Tlaxcala. Estas recetas fueron recopiladas y modificadas a través de las diferentes recetas que puede tener un solo platillo, debemos recordar que aun que estos estados tienen cercanía, las regiones, los pueblos, las costumbres y tradiciones cambian de acuerdo a la zona. Para demostrar esto se puede decir que en el estado de Tlaxcala se consumen en forma común y popular los Quiotes "flor del maguey" mientras que en el estado de Puebla se consume en forma común la flor del Palmito; siendo que ambos estados producen las mismas flores.

Para la elección de los ingredientes:

Se recomienda que las flores sean silvestres ya que cuando una planta o flor es tratada en forma química se puede poner en riesgo la salud humana. Los alimentos de origen orgánico nos brindan una mejor alimentación y nutrición.

ARROZ CON GIRASOLES

250	gramos	arroz
500	mililitros	fondo de pollo
1	pieza	pimiento amarillo
50	mililitros	Aceite de girasol
1	diente	ajo
2	cucharadas	cebolla picada
		Sal al gusto
		Epazote deshidratado

En una cacerola colocar el aceite y el diente de ajo, se dejara el diente de ajo hasta que se queme totalmente para después retirarlo, después agregar la cebolla picada cuando esta se vuelva transparente se le agrega el arroz y se sofríe hasta que tome un tono transparente.

Se le agrega el pimiento en julianas, se deja sofreír un minutos más para después agregar el fondo de pollo y se deja cocer hasta romper el hervor; se deja cocer en *simmer* hasta que se consuma el fondo y está listo para servirse.

Una vez emplatado se le agrega el epazote deshidratado y los pétalos del girasol para evitar que estos pierdan su color.

ARROZ CON PIOJITOS

250	gramos	arroz
500	mililitros	fondo de pollo
50	mililitros	aceite
125	gramos	piojitos
1	diente	ajo
2	cucharadas	cebolla picada
		Sal al gusto

En una cacerola colocar el aceite y el diente de ajo, se dejara el diente de ajo hasta que se queme totalmente para después retirarlo, después agregar la cebolla picada cuando esta se vuelva transparente se le agrega el arroz y se sofríe hasta que tome un tono transparente. Se le agrega el fondo de pollo y los piojitos para dejarse cocer hasta que se rompe el hervor una vez pase esto se deja cocer en *simmer* hasta que se consuma el fondo y está listo para servirse.

AYATITO CON CEBOLLITAS

1	manojo	cebollitas cambray
10	piezas	flor ayatito
		Sal al gusto
		Aceite el necesario

1.- Lavar y desinfectar las flores

2.- Eliminar la primera capa de las cebollitas cambray

3.- Sofreír con un poco de aceite las cebollitas y las flores al gusto del comensal.

CAMARONES CON *TZACUTLI*

50	gramos	mantequilla
125	gramos	camarones
2	piezas	chile de árbol
100	gramos	fresa
25	gramos	flor seca *Tzacutli*
50	gramos	azúcar
		Pimiento
		Sal al gusto
		Pimienta al gusto

1.- Lavar y desinfectar todos los ingredientes.

2.- retirar la cascara de los camarones para posteriormente abrirlos en forma de mariposa y retirar su intestino.

3.- Derretir la mantequilla a fuego bajo, después se agregara el chile de árbol finamente picado; una vez que la mantequilla cambie de color se agregan los camarones y los pimientos en julianas y salpimentar.

4.- Se coloca en una licuadora el azúcar, las fresas y la flor seca para crear una consistencia tersa.

5.- Una vez cocidos los camarones se sirven acompañados de este *coulis* de fresa y *tzacutli*.

CONSOMÉ DE ZACATE DE GUJUGUE

½	litro	agua
250	gramos	flores, tallos y hojas de alache

Sal al gusto

Cebolla al gusto

Chiles verdes al gusto

1.- Lavar y desinfectar las flores, tallos y hojas de alache

2.- Colocar en una cacerola el agua, el alache y la sal

3.- Dejar hervir a fuego lento por diez minutos

4.- Listo para disfrutarse

El consomé por si solo desprende un ligero sabor fresco.

CREMA DE CEMPOALTXOCHITL

500	mililitros	leche
30	gramos	mantequilla
50	gramos	cebolla
1	pieza	papa
100	gramos	cempoaltxochitl pétalos
		Sal al gusto
		Pimienta al gusto

1.- Lavar y desinfectar la papa y los pétalos

2.- Colocar en una licuadora la papa en dados pequeños, junto con la leche y los pétalos. Mezclar hasta obtener una consistencia tersa y homogénea.

3.- Derretir la mantequilla y agregar la cebolla finamente picada una vez dorada la cebolla se agrega la mezcla de la licuadora

4.- agregar sal y pimienta al gusto y dejar hervir por 5 minutos.

DIP DE AGUACATE Y CEMPOALTXOCHITL

25	gramos	pipicha
15	gramos	cempoaltxochitl
20	gramos	pápalo
2	piezas	aguacate
1	pieza	limón
4	piezas	chile serrano o bien al gusto

1.- Lavar y desinfectar todos los ingredientes.

2.- Se corta el aguate, se extrae su pulpa y se retira el hueso.

3.- Agregar el limón al aguacate para evitar su oxidación, se utiliza solamente la pulpa para hacer una mezcla homogénea y suave.

3.- Se corta en *chiffonnade* la pipicha, cempoaltxochitl y pápalo; procurando que sea lo más fino posible, añadir al aguacate previamente elaborado esta mezcla de las hierbas y la flor.

4.- Anadir chile serrano picado al gusto y decorar con unos cuantos pétalos de la flor.

ENSALADA DE BUSHNÁ Y NARDO

1	pieza	pepino
4	hojas	espinaca
50	gramos	fresa
1	flor	bushná
1	flor	nardo
25	gramos	arándano
		Miel al gusto

1.- Lavar y desinfectar todos los ingredientes.

2.- Cortar laminad de pepino muy finas, después se unirán dos para dar la forma de un aro que servirá como contenedor de la ensalada.

3.- Trocear la espinaca y colocar en el fondo del aro.

4.- Agregar las fresas y los arándanos en cuartos.

5.- Decorar y terminar con los pétalos de las flores.

Si se desea se le puede agregar miel para potenciar los sabores de los pétalos.

ENSALADA DE REMOLACHA Y GIRASOLES

1	pieza	mandarina
1	flor	girasolpétalos
100	gramos	remolacha
100	gramos	manzana
50	gramos	arándanos
25	gramos	pétalos de garapiñados
		Miel al gusto

1.- Lavar todos los ingredientes

2.- Retirar la cascara de la manzana y la remolacha, para posteriormente rallarlos.

3.- Cortar la mandarina en gajos

4.- Colocar en un bowl la remolacha y manzana rallada y las mandarinas en gajos.

5.- Servir en un plato y decorar con arándanos y todos los pétalos del girasol.

GARAPIÑADO DE GIRASOLES

100	gramos	pétalos de girasol
100	gramos	azúcar morena
2	piezas	huevo
		Aceite necesario para freír

1.- Lavar perfectamente los pétalos

2.- Blanquear las flores con agua hirviendo por 8 segundos y someterlas a hielo o agua fría para detener su cocción.

3.- Separar la clara de la yema, con la clara se barnizaran los pétalos uno por uno cuidadosamente sin dejar superficies sin cobertura.

4.- Agregar la azúcar a los pétalos cubriendo en su totalidad.

5.- Con aceite previamente caliente se fríen por 5 segundos los pétalos o hasta que estos estén caramelizados.

INFUSIÓN DE NARDO

500 mililitros agua

50 gramos nardo

Azúcar o mail al gusto

1.- Lavar y desinfectar las flores de nardo

2.- Dejar hervir en un recipiente el agua, cuando se rompe el hervor se agregan las flores y se deja hervir por 3 minutos más

3.- Servir y acompañar con miel o azúcar.

INFUSIÓN DE TORONJIL

500	mililitros	agua
50	gramos	flores de toronjil
		Azúcar o miel al gusto

1.- Se deja hervir en un recipiente el agua, cuando se rompe el hervor se agregan las flores y se deja hervir por 3 minutos más

2.- servir y acompañar con miel o azúcar.

PATITAS DE GALLO EN TOSTADAS

100	gramos	de flores de pata de gallo
3	piezas	de tortillas chaluperas
		Sal al gusto
		Manteca para freír

1.- Lavar las patitas de gallo

2.- Freír las tortillas y muy ligeramente las flores (por menos de 5 segundos para evitar pierdan su forma)

3.- Colocar las patitas de gallo sobre las tortillas y agregar sal al gusto

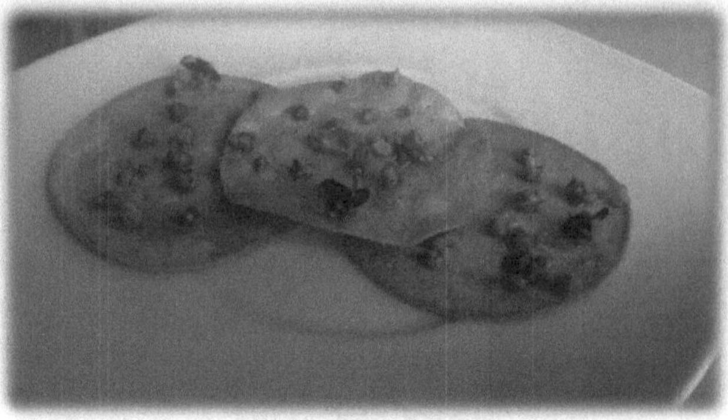

Se le puede acompañar con salsa roja, para neutralizar el sabor de la flor ya que es un poco agrio.

PATITAS DE GALLO CON HUEVO

1	pieza	huevo
100	gramos	patitas de gallo
30	mililitros	leche
		Sal

1.- lavar las patitas de gallo

2.- mezclar en un bowl el huevo, las flores, la leche y agregar sal al gusto.

3.- en un sartén poner a calentar un poco de aceite para cocer el huevo y las flores.

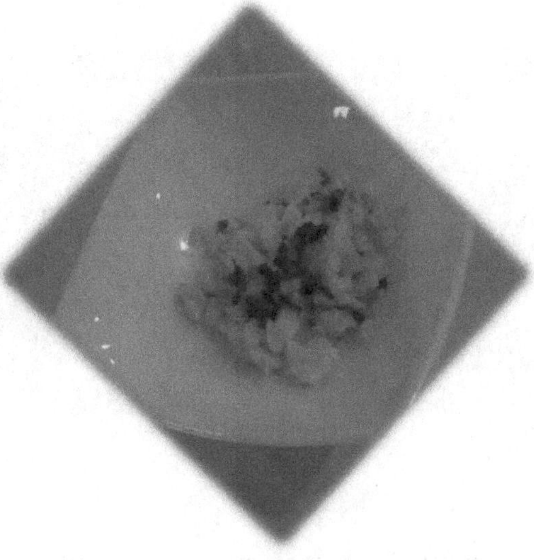

SALSA DE CHILE ZACATE GUJUGUE

3	piezas	jitomate
2	piezas	chile guajillo
50	gramos	alache
1	diente	ajo
2	cucharadas	aceite
		Sal al gusto

Lavar el jitomate y alache, en una cacerola pequeña poner a hervir agua cuando se rompe el hervor se agrega el jitomate con una pequeña incisión en forma de cruz y el chile; después en la licuadora se muelen el jitomate, el chile, el alache, ajo y se le agrega sal, por último en otra cacerola se agrega la mezcla y el aceite para dejar freír la salsa y sazonarla

TERNERA REPOSADA EN KOMBUCHA

200	mililitros	kombucha
150	gramos	ternera
30	gramos	zanahoria
30	gramos	espinaca
20	gramos	pétalos de girasol
1	pieza	toronja
1	pieza	fresa

1.- En un recipiente hondo se coloca la ternera y la kombucha dejando reposar con hierbas finas de su gusto alrededor de cuarenta a cincuenta minutos.

2.- Se limpia y desinfecta la espinaca, zanahoria, toronja, fresa y la flor. Posteriormente se ralla la zanahoria. La espinaca se corta en *chiffonnade* y se colocan los pétalos de girasol en el platillo.

3.- Una vez lista la carne se sellara hasta darle un término medio. Se crea una base con los pétalos del girasol, la zanahoria y las espinacas.

4.- Con el jugo que suelta la carne se deja reducir para crear una salsa y se termina decorando con gajos de toronja y cuartos de fresa.

CONCLUSIÓN

A continuación presentaremos la solución que se encontró a las preguntas planteadas al inicio de esta investigación,

¿Cuáles son los usos gastronómicos de las flores mexicanas en la comida?

Actualmente se utilizan las flores en infusiones, salseo, acompañamiento, postre, botana, parte principal en los platillos o guarniciones. A lo largo de este trabajo se observó el múltiple uso que se le puede llegar a dar a una sola flor.

Hipótesis:

Las flores mexicanas siguen presentes en la gastronomía rural, pero son desconocidas por una parte considerable de la cocina urbana contemporánea: proponemos que a partir de los conocimientos que brinda el estudio de las flores en la gastronomía, se pueden retomar las flores para el consumo y decoración de los platillos.

Se comprobó que la florifagia se practica actualmente en zonas rurales y en una minoría en las ciudades; aunque generalmente se le conoce por platillos muy distintivos como lo son las quesadillas de flor de calabaza, las flores presentes en la decoración de pasteles o el mole rojo con calabacitas y flores.

También se comprobó un interés favorable hacia este tema ya que presenta para la población en general una nueva fuente de alimentación y sustento. Representa para muchas personas la posibilidad de poder obtener más nutrimentos y mejorar su calidad de vida ya que entre las personas es común el que conozcan algún uso medicinal en las flores.

¿Cuáles son las flores comestibles que consumían las culturas prehispánicas?

Se encontraron ochenta y cuatro flores comestibles que por tradición se han transmitido de generación en generación, en la actualidad las flores prehispánicas siguen presentes en nuestro día a día.

¿Usos de las flores que consumían los grupos indígenas a la gastronomía mexicana actual?

Actualmente muchas de estas flores se han ido incorporando en una mayor cantidad de guisos, caldos, bebidas, en algunos casos tamales y postres.

¿En qué sitios se consumen las flores actualmente?

En zonas rurales mayoritariamente, gracias a que han conservado muchas de sus tradiciones y costumbres alimenticias; en las grandes ciudades se les puede encontrar en grandes restaurantes, los guisos especiales de las amas de casa, o con las tortilleras que también elaboran quesadillas variadas.

BIBLIOGRAFÍA

Arce L.

Eugenia, Quintín M. Clara Inés, (2000). DICCIONARIO ENCICLOPÉDICO ILUSTRADO DEL MAGISTERIO, Referentes y significados, 1ª edición, Editorial: Norma S. A, p. 267, 276, 407, 590, 730.

Areaciencias.com. Ciencias naturales, Taxonomía clasificación de los seres vivos. Recuperado de http://www.areaciencias.com/TAXONOMIA-CLASIFICACION%20DE%20LOS%20SERES%20VIVOS.htm

AromasQueCuran, (2012). Nardo indico o Espinacardo (*Nardostachys jatamansi*). Recuperado de http://aromasquecuran.es/grupoInardoindico.html

Biblioteca Digital de la Medicina Tradicional Mexicana, 2009. Flora medicinal indígena de México, flora medicinal mixteca de Chinango, Oaxaca, Yuatayoo, Alache. Hecho en México. Recuperado de http://www.medicinatradicionalmexicana.unam.mx/flora2.php?l=4&t=Alache&po=&id=6356&clave_region=31

- Flora medicinal indígena de México, Flora medicinal triqui de la laguna de Guadalupe, en Putla, Oaxaca, Flor de arete. Recuperado de http://www.medicinatradicionalmexicana.unam.mx/flora2.php?l=4&t=&po=&id=5085&clave_region=33
- Flora medicinal indígena de México, flora medicinal tepehuana del sur de Durango, Anisillo. Recuperado de http://www.medicinatradicionalmexicana.unam.mx/flora2.php?l=4&t=anisillo&po=&id=6122&clave_region=13

- Flora medicinal indígena de México, badoh negro. Recuperado de http://www.medicinatradicionalmexicana.unam.mx/termino.php?l=1&t=badoh%20negro
- Atlas de las Plantas de la Medicina Tradicional Mexicana, Bretónica. Recuperado de http://www.medicinatradicionalmexicana.unam.mx/monografia.php?l=3&t=Lepechinia%20caulescens&id=7018
- Flora medicinal mayo de la región de Ahome, Sinaloa, E'cho, Cardón. Recuperado de http://www.medicinatradicionalmexicana.unam.mx/flora2.php?l=4&t=Card%C3%B3n&po=&id=5127&clave_region=12
- Atlas de las Plantas de la Medicina Tradicional Mexicana, Cempasúchil o flor de muerto. Recuperado de http://www.medicinatradicionalmexicana.unam.mx/monografia.php?l=3&t=cempas%C3%BAchil%20o%20flor%20de%20muerto&id=7343
- Atlas de las Plantas de la Medicina Tradicional Mexicana, Copal. Recuperado de http://www.medicinatradicionalmexicana.unam.mx/monografia.php?l=3&t=&id=7356
- Atlas de las Plantas de la Medicina Tradicional Mexicana, Dalia. Recuperado de http://www.medicinatradicionalmexicana.unam.mx/monografia.php?l=3&t=&id=7386
- Atlas de las Plantas de la Medicina Tradicional Mexicana, Encino. Recuperado de http://www.medicinatradicionalmexicana.unam.mx/monografia.php?l=3&t=&id=7640

➢ Atlas de las Plantas de la Medicina Tradicional Mexicana, Estafiate. Recuperado de http://www.medicinatradicionalmexicana.unam.mx/monografia.php?l=3&t=Artemisia%20ludoviciana&id=7823

➢ Atlas de las Plantas de la Medicina Tradicional Mexicana, Garambullo. Recuperado de http://www.medicinatradicionalmexicana.unam.mx/monografia.php?l=3&t=&id=7963

➢ Atlas de las Plantas de la Medicina Tradicional Mexicana, Bagote. Recuperado de http://www.medicinatradicionalmexicana.unam.mx/monografia.php?l=3&t=&id=7010

➢ Atlas de las Plantas de la Medicina Tradicional Mexicana, Maguey. Recuperado de http://www.medicinatradicionalmexicana.unam.mx/monografia.php?l=3&t=Agave%20atrovirens&id=7589

➢ Atlas de las Plantas de la Medicina Tradicional Mexicana, Disciplinilla. Recuperado de http://www.medicinatradicionalmexicana.unam.mx/monografia.php?l=3&t=Rhipsalis%20baccifera&id=7389

➢ Flora Medicinal Indígena de México, flora medicinal mayo de la región del Fuerte y Choix, en Sinaloa, Ju'pa, Mezquite. Recuperado de http://www.medicinatradicionalmexicana.unam.mx/flora2.php?l=4&t=Mezquite&po=&id=5430&clave_region=11

➢ Flora Medicinal Indígena de México, purépecha, flora medicinal purépecha de Santiago Sicuicho, municipio los Reyes de Salgado, en Michoacán, Nirete, Nurite. Recuperado de http://www.medicinatradicionalmexicana.unam.mx/flora2.php?l=4&po=purepecha&te=Nurite&id=6616&clave_region=16

- Atlas de las Plantas de la Medicina Tradicional Mexicana, Ortiga. Recuperado de http://www.medicinatradicionalmexicana.unam.mx/monografia.php?l=3&t=Urtica_dioica&id=7898
- Atlas de las Plantas de la Medicina Tradicional Mexicana, Palo blanco. Recuperado de http://www.medicinatradicionalmexicana.unam.mx/monografia.php?l=3&t=&id=7905
- Atlas de las Plantas de la Medicina Tradicional Mexicana, Cuajilote. Recuperado de http://www.medicinatradicionalmexicana.unam.mx/monografia.php?l=3&t=Parmentiera%20aculeata&id=7947
- Atlas de las Plantas de la Medicina Tradicional Mexicana, Sauco, Sambucus mexicana Presl, Caprifoliaceae. Recuperado de http://www.medicinatradicionalmexicana.unam.mx/monografia.php?l=3&t=sauco&id=7491
- Atlas de las Plantas de la Medicina Tradicional Mexicana, Palo dulce, Eysenhardtia polystachya (Ort.) Sarg. Leguminosae. Recuperado de http://www.medicinatradicionalmexicana.unam.mx/monografia.php?l=3&t=Eysenhardtia%20polystachya&id=7734
- Atlas de las Plantas de la Medicina Tradicional Mexicana, Toronjil. Recuperado de http://www.medicinatradicionalmexicana.unam.mx/monografia.php?l=3&t=toronjil&id=7433

Bios (2016). CONABIO, Espuela de caballero (Justicia candicans), p. 1-2. Recuperado de http://bios.conabio.gob.mx/especies/6055985.pdf

Bios, (2016). CONABIO Gallinitas (Canavalia villosa). Recuperado de http://bios.conabio.gob.mx/especies/6053127

Botanicarense (2016). Wikispaces, Taxonomía, p. 14-16. Recuperado de http://botanicaense.wikispaces.com/file/view/taxonomia.pdf

Buenas tareas.com (2014), Ensayo florifagia. Recuperado de http://www.buenastareas.com/ensayos/Florifagia/56559978.html

Bye, R., y E. Linares. 2008. La Dalia, flor nacional de México. CONABIO. Biodiversitas 76:13-15

Castillo Gilda, (1995). México antiguo, lecturas nacionales I, Imprenta Madero S. A de C. V, p.41-46.

Castro Ramírez Víctor Raziel, (2016). Perlas para la tos, Las flores en la lírica prehispánica. Recuperado de https://perlasparalatos.wordpress.com/las-flores-en-la-lirica-prehispanica/

Charcape Ravelo Manuel, Palacios Zapata Claudia. Introducción a la botánica fanerógamica, Espermatofitos, p. 7. Recuperado de https://es.scribd.com/doc/35942194/Botanica-Fanerogamica

CONABIO, (2009). BIODIVERSIDAD MEXICANA, p. 1-2. Recuperado de http://www.biodiversidad.gob.mx/pais/riquezanat.html

- Guzmán, Arias & Dávila, (2003). Contr. U.S. Natl. Herb. 12 (10): 422. 1909. Recuperado de http://bios.conabio.gob.mx/especies/6008076

- Tagetes erecta L. Recuperado de http://www.conabio.gob.mx/malezasdemexico/asteraceae/tagetes-erecta/fichas/ficha.htm
- Acacia farnesiana (L.) Wild, Huizache. Recuperado de http://www.conabio.gob.mx/malezasdemexico/mimosaceae/acacia-farnesiana/fichas/ficha.htm
- Species Plantarum 1: 470. 1753. Recuperado de http://www.conabio.gob.mx/conocimiento/info_especies/arboles/doctos/52-myrta3m.pdf
- Palma pita (Yucca filifera). Recuperado de http://bios.conabio.gob.mx/especies/6055518.pdf
- Species Plantarum 1: 209-210. 1753. Recuperado de http://www.conabio.gob.mx/conocimiento/info_especies/arboles/doctos/6-apocy2m.pdf
- Prodromus Systematis Naturalis Regni, Vegetabilis 9: 215. 1845.Recuperado de http://www.conabio.gob.mx/conocimiento/info_especies/arboles/doctos/11-bigno7m.pdf
- Chachi (Parmentiera aculeata) p.1. Recuperado de http://bios.conabio.gob.mx/especies/6032869.pdf

CONABIO, (2010). Alouatta palliata (saraguato de manto). Recuperado de http://www.conabio.gob.mx/informacion/metadata/gis/alopallidcgw.xml?_xsl=/db/metadata/xsl/fgdc_html.xsl&_indent=no

CONABIO-CONANP. 2009. Palo Fierro (Olneya tesota).

Contreras Hinojosa, José Rafael; Barbosa Moreno, Finlandia; Cruz, Efraín, (2014). biblioteca.inifap.gob.mx, El tehuixtle (Acacia bilimekii), especie para la restauración de la selva baja caducifolia, p. 3-16. Recuperado de http://biblioteca.inifap.gob.mx:8080/jspui/handle/123456789/4208

Cusicanqui Flores Eddy, (2016). Epistemología genética. Recuperado de http://cusicanquifloreseddy.galeon.com/aficiones1498042.html

DeConceptos.com, (2016). Ciencias Naturales, Definiciones y conceptos. Recuperado de http://deconceptos.com/ciencias-naturales/flor

De la Torre Ana Paola, (2014). Ecoosfera, Las plantas medicinales mexicanas más usuales. Recuperado de http://ecoosfera.com/2014/11/las-plantas-medicinales-mexicanas-mas-usuales-y-sus-propiedades/

Delicias Prehispánicas, (2013). Recuperado de http://deliciasprehispanicas.blogspot.mx/2013/03/bulbos-de-ayatito-asados.html

Diario de Yucatán, (2014). Yucatan.com.mx, La chaya y sus beneficios. Recuperado de http://yucatan.com.mx/gastronomia/alimentos-gastronomia/la-chaya-y-sus-beneficios

Encyclopedia.us.es (2011). Taxonomía. Recuperado de http://enciclopedia.us.es/index.php/Taxonom%C3%ADa

Floricultores Internacionales, 1994. World Floriculture Industry, Part III Publishers. Holanda.

Galicia Ana, (2015). INAH TV. Xochipilli, Entre luceds canta y llega el sol. Recuperado de https://www.youtube.com/watch?v=ScH7r94I81g

García, H. 1988. Cocina prehispánica mexicana. Panorama. México.

Garibay, (1937). Poesía lírica azteca, p. 39-40, 176.

Glockner Julio, (1997). El Señor de las Flores, *Elementos*, vol. 27-8, p. 69-71.

Gordon Wasson R, (1982). XOCHIPILLI, "PRINCIPE DE LAS FLORES", p.10-12. Recuperado de http://www.revistadelauniversidad.unam.mx/ojs_rum/files/journals/1/articles/11440/public/11440-16838-1-PB.pdf

Graulich Michel, (1992). "Las brujas de las peregrinaciones aztecas", *Estudios de Cultura Náhuatl,* p. 87-98.

Heike Vibrans, (2009). Malezas de México, *Mimosaceae = Leguminosae.* Recuperado de http://bios.conabio.gob.mx/especies/6020520

Heike Vibrans, (2009). Malezas de México, Asteraceae = Compositae, Tagetes erecta L. Recuperado de http://www.conabio.gob.mx/malezasdemexico/asteraceae/tagetes-erecta/fichas/ficha.htm

Heike Vibrans, (2009). Malezas de México, Asteraceae = Compositae, Helianthus annuus L., Girasol. Recuperado de http://www.conabio.gob.mx/malezasdemexico/asteraceae/helianthus-annuus/fichas/ficha.htm

Heike Vibrans, (2009). Commelinaceae, Tinantia erecta (Jacq.) Schltdl. Recuperado de http://www.conabio.gob.mx/malezasdemexico/commelinaceae/tinantia-erecta/fichas/ficha.htm

Heike Vibrans, (2009). Portulacaceae, Calandrinia micrantha Schltdl. Chivitos. Recuperado de http://www.conabio.gob.mx/malezasdemexico/portulacaceae/calandrinia-micrantha/fichas/ficha.htm

Heike Vibrans, (2009). Malezas de México, Asteraceae = Compositae, Galinsoga parviflora Cav. Recuperado de http://www.conabio.gob.mx/malezasdemexico/asteraceae/galinsoga-parviflora/fichas/ficha.htm

Heike Vibrans, (2009). Malezas de México, Solanaceae, Solanum elaeagnifolium Cav. Trompillo. Recuperado de http://www.conabio.gob.mx/malezasdemexico/solanaceae/solanum-elaeagnifolium/fichas/ficha.htm

Heike Vibrans, (2009). Malezas de México, Asteraceae = Compositae, Cosmos parviflorus (Jacq.) Pers. Recuperado de http://www.conabio.gob.mx/malezasdemexico/asteraceae/cosmos-parviflorus/fichas/ficha.htm

Mirasol enano (sugerido)

History (2012). Recuperado de www.youtube.com/watch?v=hqpQ5Z3sX3Q

Infoagro Systems, S.L. El cultivo del nardo. Recuperado de http://www.infoagro.com/documentos/el_cultivo_del_nardo.asp

Ing. Lezama Escobedo Alejandro, Ing. Tapia Simón Ariel Edgar, Ing. Muñoz Santamaría Guillermo, Ing. Zepeda Gómez Víctor J. (2016). SECRETARIA DE AGRICULTURA, GANADERÍA, DESARROLLO RURAL PESCA Y ALIMENTACIÓN, Subsecretaria de Desarrollo Rural Dirección General de Apoyos para el Desarrollo Rural, El cultivo de la pitahaya, p. 2-3.Recuperado de http://www.sagarpa.gob.mx/desarrolloRural/Documents/fichasaapt/El%20cultivo%20de%20la%20Pitahaya.pdf

Inside Mexico, (2016). La leyenda de la flor de Cempasúchil, p. 1. Recuperado de https://www.inside-mexico.com/la-leyenda-de-la-flor-de-cempasuchil/

Inside Mexico, (2017). La leyenda del cacao, Leyenda del chocolate, p. 1-3. Recuperado de https://www.inside-mexico.com/la-leyenda-del-cacao/

J.R. Telma (2012). Espacio de Telma, Chaya (Cnidoscolus Chayamansa). Recuperado de https://telmajr.wordpress.com/2012/05/30/chaya-cnidoscolus-chayamansa/

Kuti, J.O. and E.S. Torres. 1996. Potential nutritional and health benefits of tree spinach. p. 516-520. In: J. Janick (ed.), Progress in new crops. ASHS Press, Arlington, VA.

L Ana María. Velasco y Debra Nagao, (2006). Arqueología MEXICANA, Las flores en el México prehispánico, Revista de Arqueología, p. 28-35. Recuperado de http://www.arqueomex.com/S2N3nMitologiaSimbolismo78.html

(L.) Wild. (1806). Publicado en: Species Plantarum. Editio Quarta 4(2): 1083-1084. 1806, p. 1-4. Recuperado de http://www.conabio.gob.mx/conocimiento/info_especies/arboles/doctos/38-legum4m.pdf

Martínez González Lorena, (2014). Museo de Arte Popular Asociación de Amigos, Las flores en el arte popular mexicano. Recuperado de http://www.amigosmap.org.mx/2014/10/31/las-flores-en-el-arte-popular-mexicano/

Merlo Violeta, (2014). Hola doctor, Dalia, una flor contra la diabetes. Recuperado de http://holadoctor.com/es/hierbas-a-z/dalia-una-flor-con-potencial-contra-la-diabetes

Muñoz Zurita Ricardo (2012). Larousse DICCIONARIO ENCICLOPÉDICO de la Gastronomía Mexicana, 1ª edición, Editorial, Larousse, p. 2, 3, 9, 19, 27, 29, 59, 80, 89, 94, 102, 121, 132, 139, 182, 202, 214, 247, 263, 264, 266, 279, 281, 290, 299, 345, 361, 364, 424, 427, 437, 440, 441, 482, 519, 533, 542, 545, 555, 561, 620.

Naturalista, (2016). Vida, plantas, huizaches, cornezuelo. Recuperado de http://www.naturalista.mx/taxa/157862-Acacia-cornigera

- Vida, plantas, huizaches, guajillo. Recuperado de http://www.naturalista.mx/taxa/273947-Acacia-coulteri
- Vida, Plantas, Huizaches, Cornezuelo. Recuperado de http://www.naturalista.mx/taxa/157862-Acacia-cornigera
- Vida, Plantas, Órganos alados y crucetas, Cruceta. Recuperado de http://www.naturalista.mx/taxa/157908-Acanthocereus-tetragonus
- Vida, Plantas, Magueyes, Maguey lechuguilla. Recuperado de http://www.naturalista.mx/taxa/83105-Agave-lechuguilla
- Vida, Plantas, Plumería, Flor de Mayo. Recuperado de http://www.naturalista.mx/taxa/123438-Plumeria-rubra
- Vida, Plantas, Saguaro, Saguaro. Recuperado de http://www.naturalista.mx/taxa/54449-Carnegiea-gigantea
- Vida, Plantas, Pitayas, Pitayo sina. Recuperado de http://www.naturalista.mx/taxa/274351-Stenocereus-alamosensis

- Vida, Plantas, Tetechos y cabeza de viejo, Tetetzo. Recuperado de http://www.naturalista.mx/taxa/274255-Neobuxbaumia-tetetzo
- Vida, Plantas, Nopales, Opuntia tuna. Recuperado de http://www.naturalista.mx/taxa/472135-Opuntia-tuna
- Vida, Plantas, Laelia, Flor de muerto. Recuperado de http://www.naturalista.mx/taxa/316694-Laelia-autumnalis
- Vida, Plantas, Evolvulus, Pico de pájaro. Recuperado de http://www.naturalista.mx/taxa/162913-Evolvulus-alsinoides

Narváez Martínez Joram, (2008). La teoría del aprendizaje y desarrollo de Vygotsky, Innovar en Educación. Recuperado de https://innovemos.wordpress.com/2008/03/03/la-teoria-del-aprendizaje-y-desarrollo-de-vygotsky/

Orozco Chela, (2013). La leyenda de Quetzalcóatl, Inside México. Recuperado de https://www.inside-mexico.com/la-leyenda-de-quetzalcoatl/

Pellizza Sergio, (2016). biblioises.com.ar, Plantas fanerógamas. Recuperado de https://www.google.com.mx/search?q=biblioasis%20ar%20Contenido%20500%20580%20Plantas%20fanerogamas

Plantas y hongos (2016). Glosario, Criptogamia. Recuperado de http://www.plantasyhongos.es/glosario/criptogamia.htm

PROMUEVEHIDROPONIA, (2014). Agricultura en México, la floricultura en México, un desarrollo potencial para la economía. Recuperado de http://hidroponia.mx/la-floricultura-en-mexico-un-desarrollo-potencial-para-la-economia/

Proyecto Ejecutivo Agroindustrial IV. Producción y consumo de flores p. 1-16. Recuperado de www.contactopyme.gob.mx/cpyme/.../Proyecto_Ejecutivo_Agroindustrial_IV.doc

Puri, (2012). Aprendiendo vida, la flor de quetzal: xochiquetzal. Recuperado de http://puri-aprendiendovida.blogspot.mx/2012/06/la-flor-de-quetzal-xochiquetzal.html

Ramírez Fabiola, (2016). Culinaria mexicana, Hierba de conejo. Recuperado de http://www.culinariamexicana.com.mx/articulo.php?id=213&page=2#.V8d9AFvhDIU

Remolina Rodrigo, (2015). Asociación Mexicana de Orquideología, A.C, Laelia autumnalis. Recuperado de http://amo.com.mx/galerias/Mexicanas/slides/Laelia%20autumnalis.html

Sánchez Rita, (2016). Cartas de México, "QUIOTE" FLORACIÓN ESPECTACULAR. Recuperado de http://www.cartademexico.com/web/cn.php?id=17570

Sopetran Julie, (2011). Magias de México, Los nombres de las flores en la leyenda mexicana. Recuperado de http://magiasdemexico-julie.blogspot.mx/2011/05/los-nombres-de-las-flores-en-la-leyenda.html

Sophie D. Coe *America's First Cuisines* (Austin: University of Texas-Austin, 2005), 777.

Tezozómoc, Fernando Alvarado, (1949). *Crónica mexicayotl,* Ed. A. León, UNAM, México, p. 29-30.

Torres Lugo Raúl, (2014). Tierra fértil, Floricultura mexicana: Gran industria en el anonimato. Recuperado de http://www.tierrafertil.com.mx/floricultura-mexicana-gran-industria-en-el-anonimato/

Universidad Arizona, (2016). Un tour Azteca, Maguey: Metl, p. 5. Recuperado de http://www.u.arizona.edu/~romeroe/Un_Tour_Azteca/page5.html

Velázquez Soto Idolina, (2015). Flores e insectos en la dieta prehispánica y actual de México, p. 1-4. Recuperado de http://www.alberto-peralta.com/e_books/Flores_insectos_dieta_prehispanica.pdf

Yerberito, (2009). Jardín de la salud, COLORIN. Erythrina americana (Dryand) Mill., E. Coralloides A.DC. Recuperado de http://jardindelasalud.blogspot.mx/2009/02/colorin-erythrina-americana-dryand-mill.html

Kolibri 360 GmbH
Ferdinand-Jühlke-Straße 7
99095 Erfurt, Deutschland
produktsicherheit@kolibri360.de

Druck:
CPI Druckdienstleistungen GmbH
im Auftrag der
Kolibri 360 GmbH
Ferdinand-Jühlke-Str. 7
99095 Erfurt